浙江省高职院校"十四五"重点立项建设教材

高等职业教育系列教材

采用项目式编写形式 | 体现产教融合特色

Python程序设计项目教程

主　编｜程舒通
副主编｜汪　磊　杨俊茹
参　编｜邱玮杰　张天琪　王　淼
主　审｜俞文光

机械工业出版社
CHINA MACHINE PRESS

本书采用项目式教程形式编写，体现职业教育产教融合特色，按照项目描述、项目分析、知识与技能储备、项目实施、项目总结和思考与练习的思路进行设计。本书选取的 14 个项目均源于生活、面向生产实践，包含同心圆的绘制、身体质量指数的计算、空气质量指数的计算、百鸡问题的解决、敏感词替换、校园歌手大赛评分、诗歌的规范输出、校友通讯录、社团名单统计等，旨在培养学生对优秀传统文化的感悟、对校园文化的热爱，帮助学生加强身体保健与环境保护意识，树立信息安全、财产安全、生命安全等安全观念。

本书由浅入深，内容丰富，既可作为高等职业院校计算机类专业教材，也可作为相关技术人员的 Python 学习参考用书。

本书配有微课视频、电子课件和习题答案。微课视频扫码即可查看。电子课件、习题答案等教学资源可登录机械工业出版社教育服务网（www.cmpedu.com）免费注册，审核通过后下载，或联系编辑索取（微信：13261377872，电话：010-88379739）。

图书在版编目（CIP）数据

Python 程序设计项目教程 / 程舒通主编． -- 北京：机械工业出版社，2025.6． --（高等职业教育系列教材）．
ISBN 978-7-111-78303-9

Ⅰ．TP312.8

中国国家版本馆 CIP 数据核字第 2025U91W88 号

机械工业出版社（北京市百万庄大街 22 号　邮政编码 100037）
策划编辑：赵小花　　　　　　　　责任编辑：赵小花　章承林
责任校对：颜梦璐　王小童　景　飞　责任印制：刘　媛
北京富资园科技发展有限公司印刷
2025 年 7 月第 1 版第 1 次印刷
184mm×260mm · 14.75 印张 · 363 千字
标准书号：ISBN 978-7-111-78303-9
定价：59.90 元

电话服务　　　　　　　　　　　网络服务
客服电话：010-88361066　　　　机　工　官　网：www.cmpbook.com
　　　　　010-88379833　　　　机　工　官　博：weibo.com/cmp1952
　　　　　010-68326294　　　　金　书　网：www.golden-book.com
封底无防伪标均为盗版　　　　　机工教育服务网：www.cmpedu.com

前言
Preface

自 20 世纪 90 年代初诞生至今，Python 语言已广泛应用于数据科学、机器学习、Web 开发、自动化测试、网络爬虫、游戏开发、人工智能、金融分析、教育科技及云计算服务等领域。进入 21 世纪，越来越多的人开始学习和使用 Python 语言，目前很多学校都将 Python 语言作为学生学习程序设计的入门课程。

为了使 Python 语言的学习更加形象生动，并体现职业教育的产教融合特色，本书由杭州科技职业技术学院与财通证券、浙江中控两家公司联合编写，作为校级精品共享课的配套教材。本书按照学生的认知规律对教学内容进行了优化，融合素养培养，并选取通用性强的工程项目，按照项目描述、项目分析、知识与技能储备、项目实施、项目总结和思考与练习的思路进行设计。

全书共 14 个项目，具体内容如下：项目 1 为同心圆的绘制，介绍 Python 的发展历程和特点、应用领域，搭建开发环境，模块的安装与使用。项目 2 是身体质量指数的计算，介绍 Python 语言代码格式、标识符和关键字、变量、数值类型、内置数值运算。项目 3 是空气质量指数的计算，介绍条件语句的多种形式。项目 4 是百鸡问题的解决，介绍 while 循环与 for 循环、循环的嵌套，以及跳转语句。项目 5 是敏感词替换，介绍字符串的创建方式、编码格式和索引值、格式化字符串的 3 种方式，以及字符串的基本操作。项目 6 是校园歌手大赛评分，介绍列表的数据结构与基本操作。项目 7 是诗歌的规范输出，介绍元组的数据结构与基本操作。项目 8 是校友通讯录，介绍字典的数据结构与基本操作。项目 9 是社团名单统计，介绍集合的数据结构与基本操作。项目 10 是学生宿舍管理系统，介绍函数的定义、调用与基本操作。项目 11 是文件备份，主要介绍文件与目录的基本操作。项目 12 是银行自动柜员机系统，围绕 Python 面向对象编程技术，展开类与对象的学习。项目 13 是酒精度检测，主要介绍异常处理机制。项目 14 是电影网站数据采集与解析，对 Python 的学习进行了提升，实现了 Python 的数据采集与分析技术。

本书编写人员均为从事多年 Python 课程教学的教师与企业专家，其中，程舒通完成项目 1～项目 4 的编写，杨俊茹完成项目 5 的编写，汪磊完成项目 6～项目 9 的编写，邱玮杰完成项目 10 和项目 11 的编写，张天琪完成项目 12 和项目 13 的编写，王淼完成项目 14 的编写，最后由俞文光进行主审。

本书既可作为高等职业院校计算机类专业教材，也可作为相关技术人员的 Python 学习参考用书。

由于编者水平所限，书中存在的不足和缺点恳请读者批评指正。

编　者

二维码资源清单

序号	名称	二维码	序号	名称	二维码	序号	名称	二维码
1	1-1 Python 的发展历程和特点		11	2-6 布尔型、字符串类型		21	5-2 字符串编码	
2	1-2 Python 应用领域		12	3-1 if…else 语句		22	5-3 格式化字符串	
3	1-3 开发环境搭建		13	3-2 if…elif…else 语句		23	5-4 字符串大小写转换	
4	1-4 Pycharm 的安装		14	3-3 if 嵌套语句		24	5-5 字符串的检索与替换	
5	1-5 模块的安装与导入		15	4-1 while 语句		25	5-6 删除指定字符	
6	2-1 代码高亮		16	4-2 for 循环语句		26	5-7 字符串切片	
7	2-2 代码缩进		17	4-3 循环的嵌套		27	5-8 字符串分割与拼接	
8	2-3 标识符与关键字		18	4-4 循环嵌套案例		28	5-9 字符串运算符	
9	2-4 变量		19	4-5 跳转语句		29	6-1 创建和访问列表	
10	2-5 数据类型：整型、浮点型与复数类型		20	5-1 字符串介绍		30	6-2 修改列表	

（续）

序号	名称	二维码	序号	名称	二维码	序号	名称	二维码
31	6-3 列表的排序		43	10-7 变量的命名空间和作用域		55	12-6 面向对象三大特征（封装2）	
32	7-1 元组简介		44	10-8 特殊函数		56	12-7 面向对象三大特征（继承1）	
33	7-2 元组应用实例		45	11-1 文件概述		57	12-8 面向对象三大特征（继承2）	
34	8-1 创建和访问字典		46	11-2 文件的打开与关闭		58	12-9 面向对象三大特征（继承3）	
35	8-2 字典基本操作		47	11-3 读取文件		59	12-10 重写	
36	8-3 字典应用实例		48	11-4 写入文件		60	12-11 面向对象三大特征（多态1）	
37	10-1 函数的作用及概念		49	11-5 文件与目录管理		61	12-12 面向对象三大特征（多态2）	
38	10-2 函数的定义和调用		50	12-1 面向对象编程思想		62	13-1 异常的类型	
39	10-3 函数参数的传递		51	12-2 类和对象		63	13-2 else finally	
40	10-4 可变参数的传递		52	12-3 类属性		64	13-3 抛出异常和raise语句	
41	10-5 参数的混合传递		53	12-4 实例属性		65	13-4 自定义异常	
42	10-6 函数的返回值		54	12-5 面向对象三大特征（封装1）				

目 录 Contents

前言
二维码资源清单

项目1 同心圆的绘制 ... 1

【项目描述】 ... 1
【项目分析】 ... 1
【知识与技能储备】 ... 1
1.1 Python 发展历程和特点 ... 1
  1.1.1 Python 起源 ... 1
  1.1.2 Python 发展历程 ... 2
  1.1.3 Python 特点 ... 3
1.2 Python 应用领域 ... 4
  1.2.1 Web 开发 ... 4
  1.2.2 自动化测试 ... 4
  1.2.3 人工智能领域 ... 5
  1.2.4 网络爬虫 ... 5
  1.2.5 科学计算 ... 5
  1.2.6 游戏开发 ... 5
1.3 开发环境搭建 ... 6
  1.3.1 安装 Python 解释器 ... 6
  1.3.2 安装集成开发工具 ... 9
1.4 模块的安装与使用 ... 14
  1.4.1 模块介绍 ... 14
  1.4.2 模块安装 ... 14
  1.4.3 模块导入 ... 16
【项目实施】 ... 16
【项目总结】 ... 17
【思考与练习】 ... 17

项目2 身体质量指数的计算 ... 20

【项目描述】 ... 20
【项目分析】 ... 20
【知识与技能储备】 ... 20
2.1 代码格式 ... 21
  2.1.1 代码高亮 ... 21
  2.1.2 代码缩进 ... 22
  2.1.3 代码注释 ... 24
  2.1.4 代码换行 ... 25
2.2 标识符和关键字 ... 26
  2.2.1 标识符 ... 26
  2.2.2 关键字 ... 27
2.3 变量 ... 29
  2.3.1 变量本质 ... 29
  2.3.2 创建 Python 变量 ... 29
  2.3.3 改变变量对对象的引用 ... 30
  2.3.4 对象的类型、标识和值 ... 30
2.4 数值类型 ... 31
  2.4.1 整数类型 ... 31
  2.4.2 浮点数类型 ... 32
  2.4.3 布尔类型 ... 32
  2.4.4 复数类型 ... 33
2.5 内置数值运算 ... 33
  2.5.1 布尔运算 ... 34
  2.5.2 比较运算 ... 34
  2.5.3 整数按位运算 ... 35
【项目实施】 ... 37
【项目总结】 ... 37
【思考与练习】 ... 38

项目3 空气质量指数的计算 ... 39

【项目描述】 ... 39
【项目分析】 ... 40
【知识与技能储备】 ... 40
3.1　条件语句 ... 40
　　3.1.1　条件语句的3种形式 ... 40
　　3.1.2　if 语句 ... 41
　　3.1.3　if…else 语句 ... 43
　　3.1.4　if…elif…else 语句 ... 44
3.2　if 嵌套语句 ... 47
【项目实施】 ... 49
【项目总结】 ... 50
【思考与练习】 ... 50

项目4 百鸡问题的解决 ... 52

【项目描述】 ... 52
【项目分析】 ... 53
【知识与技能储备】 ... 53
4.1　循环结构 ... 53
4.2　while 循环语句 ... 53
4.3　for 循环语句 ... 55
4.4　循环的嵌套 ... 56
　　4.4.1　while 循环嵌套 ... 57
　　4.4.2　for 循环嵌套 ... 57
4.5　跳转语句 ... 58
　　4.5.1　break 语句 ... 58
　　4.5.2　continue 语句 ... 59
【项目实施】 ... 59
【项目总结】 ... 60
【思考与练习】 ... 61

项目5 敏感词替换 ... 63

【项目描述】 ... 63
【项目分析】 ... 63
【知识与技能储备】 ... 63
5.1　字符串介绍 ... 64
　　5.1.1　创建字符串 ... 64
　　5.1.2　使用不同引号的区别 ... 64
5.2　字符串编码 ... 66
　　5.2.1　ASCII 编码 ... 66
　　5.2.2　Unicode 字符集（Unicode 编码） ... 67
　　5.2.3　UTF-8 编码 ... 68
　　5.2.4　GB 2312 编码 ... 68
5.3　字符串的索引值 ... 70
5.4　格式化字符串 ... 71
　　5.4.1　使用%格式化 ... 71
　　5.4.2　使用 format( ) 格式化 ... 72
　　5.4.3　使用 f-string 格式化 ... 72
5.5　字符串基本操作 ... 73
　　5.5.1　字符串大小写转换 ... 73
　　5.5.2　字符串的检索与替换 ... 74
　　5.5.3　删除指定字符 ... 78
　　5.5.4　字符串切片 ... 79
　　5.5.5　字符串分割与拼接 ... 80
　　5.5.6　字符串运算符 ... 81
【项目实施】 ... 82
【项目总结】 ... 83
【思考与练习】 ... 83

项目6 校园歌手大赛评分 ... 85

【项目描述】 ... 85
【项目分析】 ... 86

【知识与技能储备】	……	86
6.1 创建列表	……	86
6.2 访问列表元素	……	86
6.3 修改列表	……	87
6.3.1 添加列表元素	……	87
6.3.2 修改列表元素	……	88

6.3.3 删除列表元素	……	90
6.4 列表的遍历	……	93
6.5 列表的排序	……	93
【项目实施】	……	95
【项目总结】	……	96
【思考与练习】	……	96

项目 7　诗歌的规范输出　　98

【项目描述】	……	98
【项目分析】	……	99
【知识与技能储备】	……	99
7.1 创建元组	……	99
7.1.1 使用圆括号直接创建	……	99
7.1.2 使用 tuple() 函数创建	……	99
7.2 访问元组元素	……	100

7.3 修改元组元素	……	100
7.4 删除元组元素	……	101
7.5 元组的遍历	……	102
【项目实施】	……	105
【项目总结】	……	105
【思考与练习】	……	106

项目 8　校友通讯录　　108

【项目描述】	……	108
【项目分析】	……	108
【知识与技能储备】	……	109
8.1 认识字典	……	109
8.2 创建字典	……	110
8.2.1 使用花括号创建字典	……	110
8.2.2 通过 fromkeys() 方法创建字典	……	110
8.2.3 通过 dict() 方法创建字典	……	111
8.3 访问字典	……	112
8.4 删除字典	……	113

8.5 字典的遍历	……	113
8.5.1 for 循环遍历字典	……	113
8.5.2 items() 方法遍历字典	……	114
8.5.3 使用 keys() 和 values() 遍历字典	……	115
8.5.4 字典推导式	……	115
8.5.5 使用 enumerate() 函数遍历字典	……	116
【项目实施】	……	116
【项目总结】	……	118
【思考与练习】	……	118

项目 9　社团名单统计　　120

【项目描述】	……	120
【项目分析】	……	120
【知识与技能储备】	……	120
9.1 认识集合	……	120
9.2 创建集合	……	121
9.2.1 直接赋值法	……	121
9.2.2 set() 函数法	……	121
9.3 集合元素的添加与删除	……	122

9.3.1 向集合中添加元素	……	122
9.3.2 删除集合指定元素	……	122
9.3.3 随机删除集合元素	……	122
9.3.4 清除集合所有元素	……	123
9.3.5 删除集合本身	……	123
9.4 集合的运算	……	124
9.4.1 交集运算	……	124
9.4.2 并集运算	……	124
9.4.3 差集运算	……	125

9.4.4　补集运算 …………………… 125
　　9.4.5　判断子集运算 ………………… 126
【项目实施】 …………………………………… 127
【项目总结】 …………………………………… 127
【思考与练习】 ………………………………… 128

项目 10　学生宿舍管理系统 ……………… 130

【项目描述】 …………………………………… 130
【项目分析】 …………………………………… 130
【知识与技能储备】 …………………………… 131
10.1　函数的定义和调用 ……………………… 131
　　10.1.1　定义函数 …………………… 131
　　10.1.2　调用函数 …………………… 132
10.2　函数参数的传递 ………………………… 132
　　10.2.1　位置参数的传递 …………… 132
　　10.2.2　关键字参数的传递 ………… 133
　　10.2.3　默认参数的传递 …………… 133
　　10.2.4　可变参数的传递 …………… 134
　　10.2.5　参数的混合传递 …………… 135
10.3　函数的返回值 …………………………… 137
　　10.3.1　函数的单个返回值 ………… 137
　　10.3.2　函数的多个返回值 ………… 137
10.4　变量的命名空间和作用域 ……………… 138
　　10.4.1　局部变量 …………………… 138
　　10.4.2　全局变量 …………………… 139
　　10.4.3　global 与 nonlocal 关键字 …… 140
10.5　特殊函数 ………………………………… 140
　　10.5.1　递归函数 …………………… 141
　　10.5.2　匿名函数 …………………… 141
【项目实施】 …………………………………… 142
【项目总结】 …………………………………… 147
【思考与练习】 ………………………………… 147

项目 11　文件备份 ………………………… 149

【项目描述】 …………………………………… 149
【项目分析】 …………………………………… 149
【知识与技能储备】 …………………………… 149
11.1　文件概述 ………………………………… 149
11.2　文件的打开与关闭 ……………………… 150
　　11.2.1　打开文件 …………………… 150
　　11.2.2　关闭文件 …………………… 152
11.3　文件的读写操作 ………………………… 153
　　11.3.1　读取文件 …………………… 153
　　11.3.2　写入文件 …………………… 154
　　11.3.3　文件的定位读写 …………… 155
11.4　文件与目录管理 ………………………… 157
　　11.4.1　删除文件——remove( )函数 …… 157
　　11.4.2　文件重命名——rename( )函数 …… 158
　　11.4.3　文件备份——copy( )函数 …… 158
　　11.4.4　创建或删除目录——mkdir( )与
　　　　　　rmdir( )函数 ……………… 158
　　11.4.5　获取当前目录——getcwd( )
　　　　　　函数 ……………………… 159
　　11.4.6　更改默认目录——chdir( )函数 …… 159
　　11.4.7　获取文件名列表——listdir( )
　　　　　　函数 ……………………… 159
【项目实施】 …………………………………… 160
【项目总结】 …………………………………… 161
【思考与练习】 ………………………………… 161

项目 12　银行自动柜员机系统 …………… 163

【项目描述】 …………………………………… 163
【项目分析】 …………………………………… 163
【知识与技能储备】 …………………………… 164
12.1　面向对象编程思想 ……………………… 164
　　12.1.1　面向过程的分析 …………… 164
　　12.1.2　面向对象的分析 …………… 164

12.2 类与对象的基础应用 ………………… 165
- 12.2.1 理解对象 ………………… 165
- 12.2.2 理解类 ………………… 165
- 12.2.3 类的定义 ………………… 165
- 12.2.4 对象的创建与使用 ………… 166

12.3 类的成员 ………………… 166
- 12.3.1 属性 ………………… 166
- 12.3.2 方法 ………………… 168
- 12.3.3 私有成员 ………………… 171

12.4 特殊方法 ………………… 172
- 12.4.1 构造方法 ………………… 173
- 12.4.2 析构方法 ………………… 175

12.5 面向对象的3个基本特征 … 176
- 12.5.1 封装 ………………… 176
- 12.5.2 继承 ………………… 178
- 12.5.3 多态 ………………… 183

【项目实施】………………… 184
【项目总结】………………… 187
【思考与练习】……………… 187

项目 13 酒精度检测 ………………… 190

【项目描述】………………… 190
【项目分析】………………… 190
【知识与技能储备】………… 191

13.1 认识异常 ………………… 191
13.2 异常的类型 ……………… 192
13.3 异常处理 ………………… 195
- 13.3.1 try…except ……………… 195
- 13.3.2 try…except…else ………… 198
- 13.3.3 try…except…finally ……… 199
- 13.3.4 异常处理完整语句 ……… 200

13.4 主动抛出异常 …………… 201
- 13.4.1 raise 语句 ………………… 202
- 13.4.2 assert 语句 ……………… 203

13.5 自定义异常 ……………… 204

【项目实施】………………… 206
【项目总结】………………… 207
【思考与练习】……………… 207

项目 14 电影网站数据采集与解析 ………………… 209

【项目描述】………………… 209
【项目分析】………………… 209
【知识与技能储备】………… 210

14.1 检查采集网站数据的合法性 … 210
14.2 静态网页数据的采集 …… 211
- 14.2.1 发送 GET 请求 …………… 212
- 14.2.2 定制请求头 ……………… 213

14.3 解析网页源代码 ………… 214
14.4 保存解析结果 …………… 216
14.5 动态网页数据的采集 …… 217
- 14.5.1 动态网页抓取技术 ……… 217
- 14.5.2 Selenium 和 WebDriver 的安装与配置 ……………… 218
- 14.5.3 WebDriver 类的常用属性和方法 … 220

【项目实施】………………… 221
【项目总结】………………… 223
【思考与练习】……………… 224

参考文献 ………………… 225

项目 1　同心圆的绘制

[知识目标]
1. 了解 Python 的发展历程与特点。
2. 理解 Python 的应用领域，领悟学习 Python 的意义。
3. 理解第三方模块的作用。

[技能目标]
1. 掌握 Python 开发环境的搭建，包括 Python 解释器的安装与 PyCharm 集成开发环境的安装。
2. 掌握第三方模块的安装与导入。

[素养目标]
1. 明确学习的目的，培养主动探索精神。
2. 善于寻找资料，拓宽视野。
3. 了解民族团结的重要性和意义。

【项目描述】

"同心圆"，本意为同一圆心而半径不同的圆，寓意为团结、包容、融合与共识，象征着圆满、美好、共享，全国各族人民、全体中华儿女紧密团结在党中央周围，同心同向聚共识、合力合拍谋发展。党的十八大以来，习近平总书记就统一战线工作发表了一系列重要讲话、做出一系列重大部署，强调在尊重多样性中，寻求一致性，找到最大公约数、画出最大同心圆。

【项目分析】

本项目要完成同心圆的绘制，通过导入第三方模块 turtle 来实现由红、绿、黄、黑 4 种颜色组成的同心圆。效果如图 1-1 所示。

图 1-1　同心圆的效果图

【知识与技能储备】

1.1　Python 发展历程和特点

1.1.1　Python 起源

Python 由荷兰数学和计算机科学研究学会的吉多·范罗苏

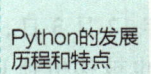

Python的发展历程和特点

姆（Guido van Rossum）于20世纪90年代初设计，作为ABC语言的一种替代品。Python提供了高效的高级数据结构，简单有效地支持面向对象编程。Python语法和动态类型，以及解释型语言的本质，使它成为多数平台上编写脚本和快速开发应用的编程语言。随着版本的不断更新和新功能的添加，Python逐渐被用于独立的大型项目的开发。

2021年10月，TIOBE编程语言排行榜将Python评为最受欢迎的编程语言，这是20年来首次将其置于Java、C和JavaScript之上，并且此后Python一直稳居榜首。TIOBE在2024年12月发布的编程语言排行榜前10名如图1-2所示，官方的标题是"Python is about to become the language of the year"（Python即将成为年度语言）。

Dec 2024	Dec 2023	Change	Programming Language	Ratings	Change
1	1		Python	23.84%	+9.98%
2	3	⋀	C++	10.82%	+0.81%
3	4	⋀	Java	9.72%	+1.73%
4	2	⋁	C	9.10%	-2.34%
5	5		C#	4.87%	-2.43%
6	6		JavaScript	4.61%	+1.72%
7	13	⋀	Go	2.17%	+1.14%
8	9	⋀	SQL	1.99%	+0.37%
9	8	⋁	Visual Basic	1.96%	+0.14%
10	12	⋀	Fortran	1.79%	+0.72%

图1-2　TIOBE在2024年12月发布的编程语言排行榜前10名

1.1.2　Python发展历程

Python语言秉持"优雅、明确、简单"的设计哲学，坚持"用一种方法，最好是只有一种方法来做一件事"的理念，自诞生以来显示出越来越旺盛的生命力。

- 1991年，第一个Python编译器诞生。它是用C语言实现的，并能够调用C语言的库文件。自诞生之日起，Python就具有了类、函数、异常处理、包含表和词典在内的核心数据类型，以及以模块为基础的拓展系统。
- 1994年1月，Python 1.0正式发布。
- 2000年10月16日，Python 2.0发布，实现了完整的垃圾回收功能，并且支持Unicode。与此同时，Python的整个开发过程更加透明，社区对开发进度的影响逐渐增强，生态圈开始逐步形成。Python 2.0最大的变化可能不是代码，而是开发方式。
- 2004年11月30日，Python 2.4发布，它是Python 2.X的经典实用版本。
- 2005年，Python开发框架Django发布。
- 2008年10月，Python 2.6发布，它增加了许多兼容Python 3.X的语法，并与随后发布的Python 2.7共同作为Python 2.X向3.X过渡的版本。
- 2008年12月3日，Python 3.0发布，此版本不完全兼容之前的Python代码，不过很多新特性后来也被移植到Python 2.6及2.7版本中，因为目前还有公司在项目和运维中使用Python 2.X版本的代码。

● 2010 年 7 月，Python 2.7 发布。同年，基于 Python 的 Flask 框架发布，一经发布，它便以简单、自定义的特性迅速走红。现在，Flask 已与 Django 并驾齐驱，成为 Python 语言中最受欢迎的两大 Web 框架。

● 2024 年 10 月，Python 3.13.0 发布，这是本书写作时 Python 3.X 的最新版本。

1.1.3　Python 特点

Python 语言能够持续发展并成为全球开发者青睐的主流开发语言，与其特点是分不开的。

（1）语言非常简单　作为初学 Python 的学习者，会发现 Python 语言非常适合人类阅读。阅读一个良好的 Python 程序就感觉像是在读英语一样，尽管这种"英语"的要求非常严格。Python 的这种伪代码本质是它最大的优点之一，它使开发者能够专注于解决问题而不是去搞明白语言本身。

（2）易学　Python 虽然是用 C 语言写的，但是它摒弃了 C 语言中非常复杂的指针，简化了 Python 的语法。Python 是 FLOSS（自由/开源软件）之一。简单地说，用户可以自由地发布这个软件的副本、阅读它的源代码、对它做改动、把它的一部分用于新的自由软件中。Python 鼓励优秀的开发者不断创造并改进。

（3）可移植性　由于 Python 的开源本质，它已经被移植到许多平台上（经过改动使它能够工作在不同平台上）。如果开发者小心地避免使用依赖于系统的特性，那么其 Python 程序无需修改就可以在任何支持 Python 的平台上运行。这些平台包括但不限于 Linux、Windows、FreeBSD、macOS、Solaris 等。

（4）内部机制　在计算机内部，Python 解释器把源代码转换成称为字节码的中间形式，然后再把它翻译成计算机使用的机器语言并运行。事实上，开发者不再需要担心如何编译程序、如何确保连接转载正确的库等问题，这使得 Python 使用更加简单。由于开发者只需要把 Python 程序复制到另外一台计算机上，它就可以工作了，这也使得 Python 程序更加易于移植。

（5）既支持面向过程的函数编程也支持面向对象的抽象编程　在面向过程的语言中，程序是由过程或可重用代码的函数构建起来的。在面向对象的语言中，程序是由数据和功能组合而成的对象构建起来的。与其他主要的语言，如 C++和 Java 相比，Python 以一种强大且简单的方式实现了面向对象编程。

（6）可扩展性和可嵌入性　如果开发者需要某些关键代码运行得更快或希望某些算法不公开，可以将这部分程序用 C 或 C++编写，并在 Python 程序中调用它们。还可以将 Python 嵌入 C 或 C++程序，从而向程序用户提供脚本功能。

（7）丰富的库　Python 标准库很庞大，还有可定义的第三方库可以使用。这些库可以帮助用户处理各种工作，包括正则表达式处理、文档生成、单元测试、线程管理、数据库操作、网页浏览、CGI 编程、FTP 传输、电子邮件处理、XML 及 XML-RPC 解析、HTML 及 WAV 文件操作、密码系统应用、GUI（图形用户界面）开发和其他与系统有关的操作。记住，只要安装了 Python，所有这些功能都是可用的，这被称作 Python 的"功能齐全"理念。除了标准库以外，还有许多其他高质量的库，如 wxPython、Twisted 和 Python 图像库等。

（8）规范的代码　Python 采用强制缩进的方式使得代码具有极佳的可读性。

1.2　Python 应用领域

Python 的应用领域非常广泛，几乎所有大中型互联网企业都在使用 Python 完成各种各样的任务，例如，国外的 Google、YouTube、Dropbox，以及国内的百度、新浪、搜狐、腾讯、阿里巴巴、网易、淘宝、知乎、豆瓣、汽车之家、美团等，如图 1-3 所示。

概括起来，Python 的应用领域主要有如下几个。

1.2.1　Web 开发

Python 经常被用于 Web 开发。尽管目前 PHP、JavaScript 依然是 Web 开发的主流语言，但 Python 上升势头更猛。尤其是随着 Python 的 Web 开发框架逐渐成熟（如 Django、Flask、TurboGears、web2py 等），程序员可以更轻松地开发和管理复杂的 Web 程序。

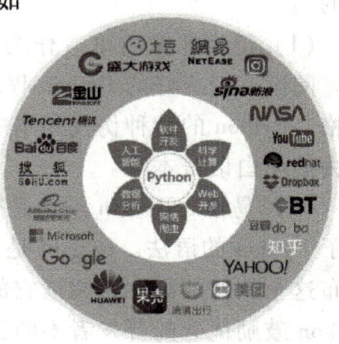

图 1-3　Python 应用领域

例如，通过 mod_wsgi 模块，Apache 可以运行用 Python 编写的 Web 程序。Python 定义了 WSGI 标准应用接口来协调 HTTP 服务器与基于 Python 的 Web 程序之间的通信。

举个最直观的例子，全球最大的搜索引擎 Google，在其网络搜索系统中就广泛使用 Python 语言。另外，经常访问的集电影、读书、音乐于一体的豆瓣网（见图 1-4），也是使用 Python 实现的。

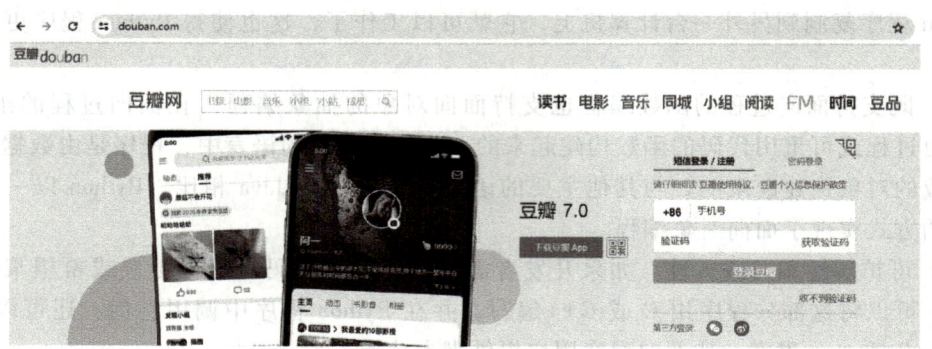

图 1-4　用 Python 实现的豆瓣网

不仅如此，全球最大的视频网站 YouTube 及 Dropbox（一款网络文件同步工具）也都是用 Python 开发的。

1.2.2　自动化测试

首先要理清自动化测试的意义。自动化测试可以突破效率瓶颈，同时降低人力成本，降低人为错误率，提升执行效率，并有效应对高强度连续任务等。Python 在自动化测试方面涉及的行业有金融行业、信息安全分析行业、健康医疗行业、智能化产业开发行业及互联网行业。

1.2.3 人工智能领域

人工智能是当前热门的一个研究方向。如果要评选当前最热、待遇最高的 IT 职位，那么人工智能领域的工程师最有话语权。而 Python 在人工智能领域内的机器学习、神经网络、深度学习等方面，都是主流的编程语言。

可以这么说，基于大数据分析和深度学习发展而来的人工智能，其本质上已经无法离开 Python 的支持了，原因至少有以下几点。

1）目前世界上优秀的人工智能学习框架，如 Google 的 TensorFlow（一种神经网络框架）、FaceBook（现已更名为 Meta）的 PyTorch（一种神经网络框架）以及开源社区的 Karas 神经网络库等，都是用 Python 实现的。

2）微软的 CNTK（一种认知工具包）也完全支持 Python，并且该公司开发的 VS Code，也已经把 Python 作为第一级语言进行支持。

3）Python 擅长进行科学计算和数据分析，支持各种数学运算，可以绘制出更高质量的 2D 和 3D 图像。例如，当病毒流行时，在人流量较大的公共场所，红外热成像测温就能很好地帮助防疫人员做好监控工作。通过人工智能技术，可以快速对人群进行温度测定，又快又准地减轻人工负担。

总之，AI 时代的来临，使得 Python 从众多编程语言中脱颖而出。Python 在 AI 时代头部语言的地位，基本无可撼动！

1.2.4 网络爬虫

Python 语言很早就用来编写网络爬虫。Google 等搜索引擎公司大量使用 Python 语言编写网络爬虫。

从技术层面讲，Python 提供了很多服务于网络爬虫编写的工具，如 urllib、Selenium 和 BeautifulSoup 等，还提供了一个网络爬虫框架 Scrapy。

1.2.5 科学计算

自 1997 年，美国国家航空航天局（NASA）就大量使用 Python 进行各种复杂的科学运算。并且，与其他解释型语言（如 shell、JavaScript、PHP）相比，Python 在数据分析、可视化方面有相当完善和优秀的库，如 NumPy、SciPy、Matplotlib、pandas 等，可以满足 Python 程序员编写科学计算程序的需要。

1.2.6 游戏开发

很多游戏使用 C++编写图形显示等高性能模块，而使用 Python 或 Lua 编写游戏的逻辑模块。与 Python 相比，Lua 的功能更简单，体积更小；而 Python 则支持更多的特性和数据类型。

例如，国际上著名的游戏作品《文明》（*Sid Meier's Civilization*，见图 1-5）就是使用 Python 实现的。

图 1-5 Python 开发的游戏

除此之外,Python 可以直接调用 Open GL 实现 3D 绘制,这是高性能游戏引擎的技术基础。事实上,有很多 Python 语言实现的游戏引擎,如 Pygame、Pyglet 及 Cocos2d-x 等。

1.3 开发环境搭建

风靡全球的 Python 语言受到业界的高度认可和支持,出现了 PyCharm、Sublime Text、Jupyter NoteBook 等优秀的开发软件。客观来说,在该领域我国还没有知名的软件产品,需要青年一代早日突破技术瓶颈,实现关键技术领域的弯道超车。

开发环境搭建

Python 开发环境搭建包含 3 个基本步骤:首先,安装 Python 解释器,因为 Python 是解释型编程语言,所以需要一个解释器来运行编写的代码;其次,需要安装 pip,pip 是 Python 标准库中的一个包,用来管理 Python 第三方库,从 Python 3.4 开始,pip 已经内置在 Python 中,所以无需再次安装;最后,需要安装 PyCharm,这是一款由 JetBrains 打造的 Python 集成开发环境(IDE)。

Python 解释器有多个版本,考虑到主要的 Python 标准库更新只针对 Python 3.X 系列,且当下用户也正从 Python 2.X 向 Python 3.X 过渡,因此对于初学 Python 的读者而言,Python 3.X 无疑是明智的选择。

1.3.1 安装 Python 解释器

在安装 Python 之前,首先需要相应版本的安装程序及相关文档,这些都可以在以下两个网址获取。

Python 官方网站 https://www.python.org/。

Python 文档下载地址 https://www.python.org/doc/。

1)访问 https://www.python.org/download/,在这里选择 Windows 平台下的安装包,具体如图 1-6 所示。

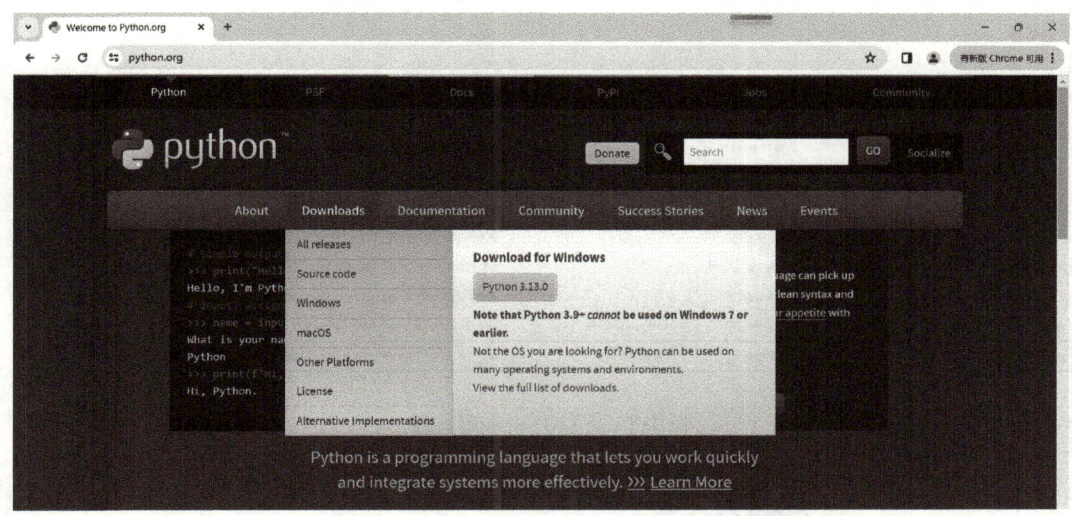

图 1-6　Python 官方网站下载界面

需要说明的是，在解释器版本的选择中，如果操作系统是 Windows 7，那么版本最高只能选择到 3.8，因为 3.9 及以上版本必须是 Windows 8 或 Windows Server 2012 以上的操作系统才能安装。无论是 3.8、3.9、3.10、3.11、3.13 中的哪个版本，其安装过程都是一样的，因此在这里以其中一个版本为例展示安装方式。

2）单击 Python 3.11.4 右侧的 Download 按钮，进入下载页面，如图 1-7 所示。

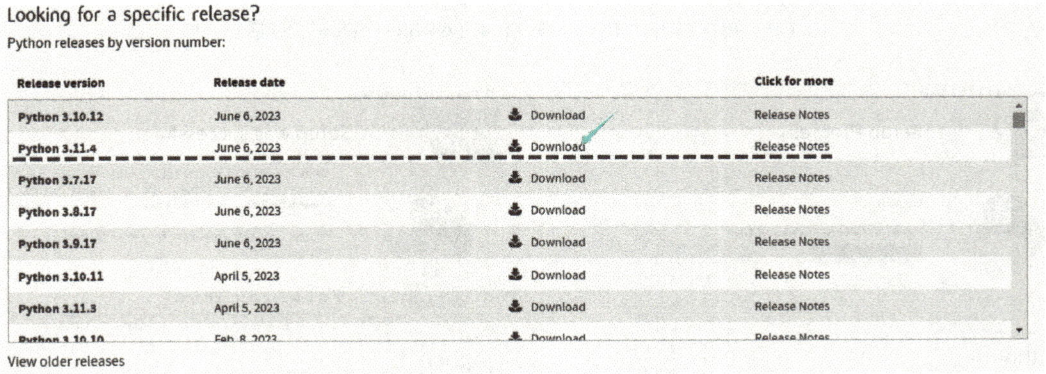

图 1-7　选择版本下载

3）单击 Python 3.11.4 下的"Windows installer（ARM 64）"进行下载，下载后的文件名为"python-3.11.4-amd64.exe"，如图 1-8 所示。

4）双击 exe 文件，进入 Python 安装对话框，具体如图 1-9 所示。

在这个对话框中，系统提供了两种安装方式：一种是默认安装，那么安装路径由系统设定；另一种是个性化安装，安装路径由用户设定。在这里，选择默认安装，同时勾选"Add python.exe to PATH"复选框。

5）安装过程如图 1-10 所示。Python 的安装进度非常快速，安装成功后的对话框如图 1-11 所示。

Files						
Version	Operating System	Description	MD5 Sum	File Size	GPG	Sigstore
Gzipped source tarball	Source release		bf6ec50f2f3bfa6ffbdb385286f2c628	26516163	SIG	.sigstore
XZ compressed source tarball	Source release		fb7f7eae520285788449d569e45b6718	19954828	SIG	.sigstore
macOS 64-bit universal2 installer	macOS	for macOS 10.9 and later	91498b67b9c4b5ef33d1b7327e401b17	43120982	SIG	.sigstore
Windows embeddable package (32-bit)	Windows		81b0acfcdd31a73d1577d6e977acbdc6	9596761	SIG	.sigstore
Windows embeddable package (64-bit)	Windows		d0e85bf50d2adea597c40ee28e774081	10591509	SIG	.sigstore
Windows embeddable package (ARM64)	Windows		bdce328de19973012123dc62c1cfa7e9	9965162	SIG	.sigstore
Windows installer (32 -bit)	Windows		9ec180db64c074e57bdcca8374e9ded6	24238000	SIG	.sigstore
Windows installer (64-bit)	Windows	Recommended	e4413bb7448cd13b437dffffba294ca0	25426160	SIG	.sigstore
Windows installer (ARM64)	Windows	Experimental	60785673d37c754ddceb5788b5e5baa9	24714240	SIG	.sigstore

图 1-8　下载 Python 解释器

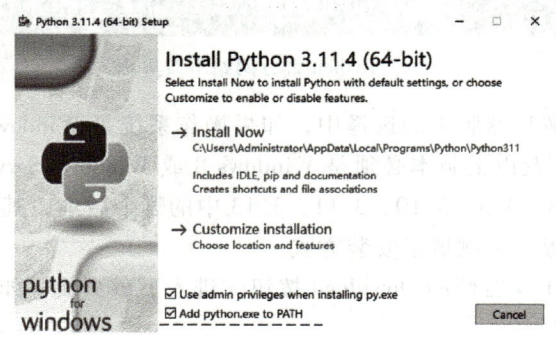

图 1-9　初次打开"Python 3.11.4（64-bit）Setup"对话框

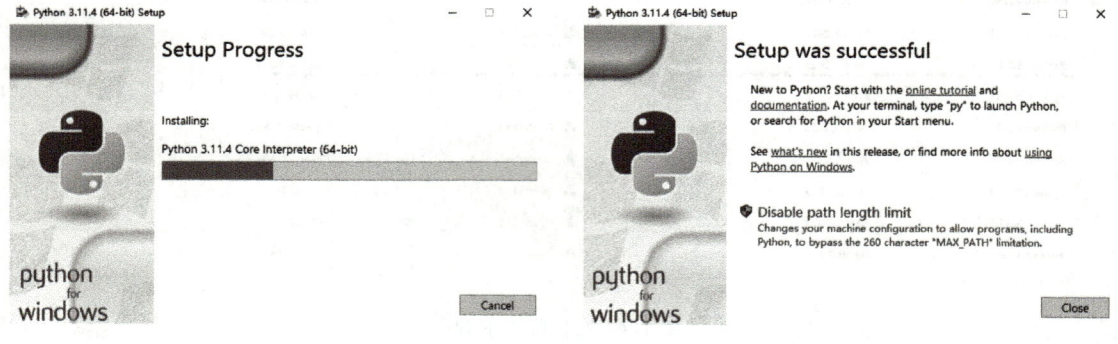

图 1-10　安装解释器　　　　　　　　图 1-11　解释器安装成功

6）验证是否安装成功。进入当前计算机的命令行模式，输入 Python，按<Enter>键，看到的信息如图 1-12 所示，则代表当前计算机已经成功安装 Python 3.11.4 版本。

7）安装包管理器 pip。pip 是 Python 的包管理工具，它的全称是"pip installs packages"，意为安装包。通过 pip 可以方便地安装、卸载和管理 Python 的第三方库。pip 在 Python 3.4 版本之后已经成为 Python 的标准模块，所以在较新版本的 Python 中一般已经自带了 pip。可以通过"pip list"命令来检查是否已经安装 pip，如果已经安装了 pip，会显示 pip 的版本信息，如图 1-13 所示。

项目1　同心圆的绘制

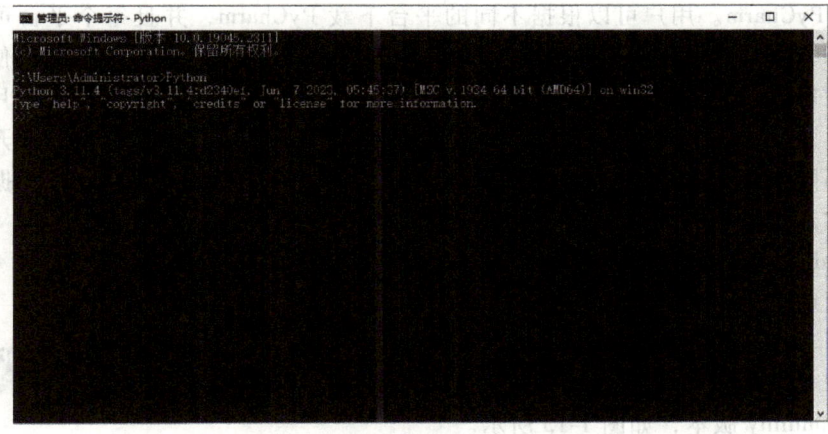

图 1-12　验证解释器是否安装成功

图 1-13　验证 pip 是否安装成功

1.3.2　安装集成开发工具

PyCharm 的安装

PyCharm 是一种 Python 集成开发环境（Integrated Development Environment，IDE），带有一整套可以帮助用户在使用 Python 语言开发时提高其效率的工具，如调试、语法高亮、项目管理、代码跳转、智能提示、自动完成、单元测试、版本控制。此外，该 IDE 提供了一些高级功能，以支持 Django 框架下的专业 Web 开发。

1）访问 PyCharm 官方网站（https://www.jetbrains.com/pycharm/download/），进入 PyCharm 的下载页面，如图 1-14 所示。

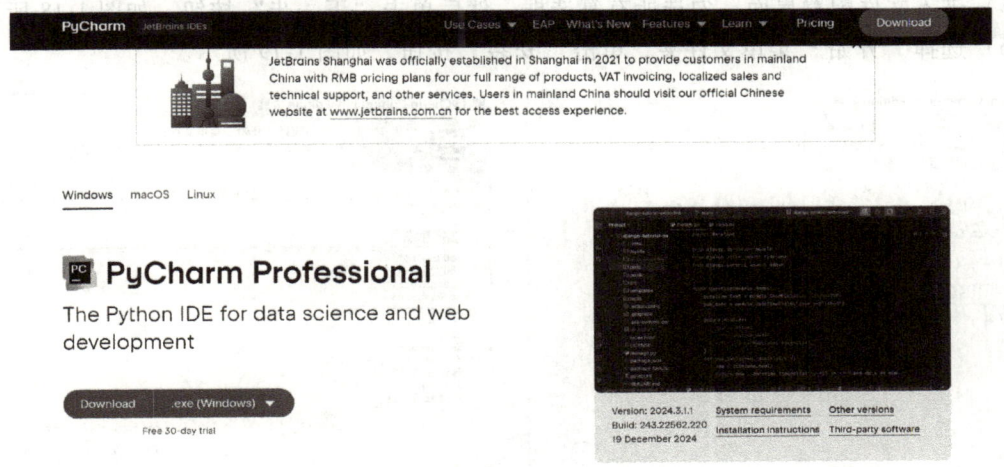

图 1-14　访问 PyCharm 官方网站

2）下载 PyCharm。用户可以根据不同的平台下载 PyCharm，并且每个平台可以选择下载 Professional 和 Community 两个版本。Professional 是专业版本，有 30 天的免费使用期，到了截止时间可以继续向 JetBrains 公司申请；Community 是社区版本，目前免费使用。对于专业开发人员，建议使用 Professional 版，因为 Professional 版提供了完整的 Python 开发工具套件，包括但不限于 Web 开发、Python 分析器、Python Web 框架、远程开发、数据库支持等高级功能。它还支持本地和远程全功能的 Jupyter Notebook，包括调试、数据集、交互式表、仪表板和 Conda，以及对 Django、Flask 和 FastAPI 的高级支持。此外，Professional 版还支持 JavaScript、TypeScript、React、Angular 等前端框架，并提供了丰富的 SQL 和 NoSQL 数据库工具。对于初学者，使用 Professional 和 Community 两个版本的区别不大，如果考虑费用因素，建议使用 Community 版本，如图 1-15 所示。

3）双击下载的 exe 安装文件，进入安装 PyCharm 的对话框，如图 1-16 所示。

4）进入选择安装路径的界面，单击"下一步"按钮，如图 1-17 所示。

图 1-15　PyCharm 的 Community 版本

图 1-16　开始安装 PyCharm

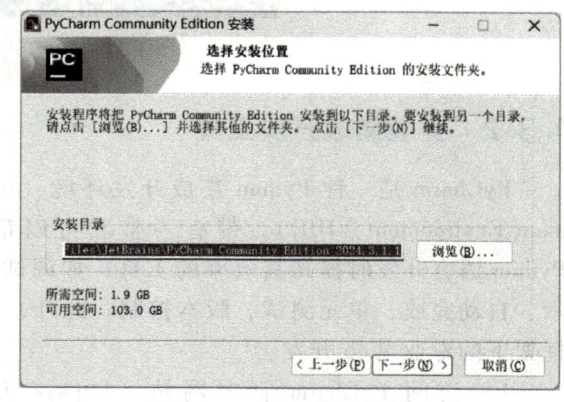

图 1-17　选择安装路径

5）进入文件配置界面，勾选所有复选框，然后单击"下一步"按钮，如图 1-18 所示。

6）选择"开始"菜单文件夹，单击"安装"按钮，如图 1-19 所示。

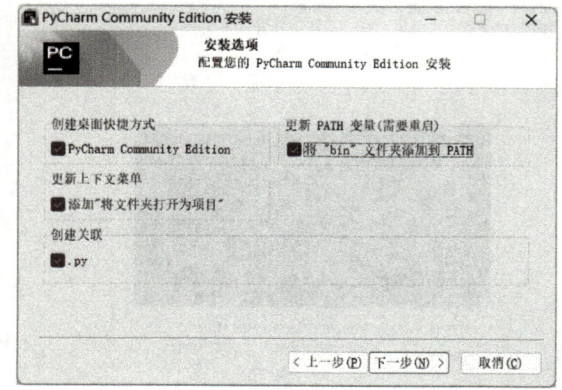

图 1-18　文件配置

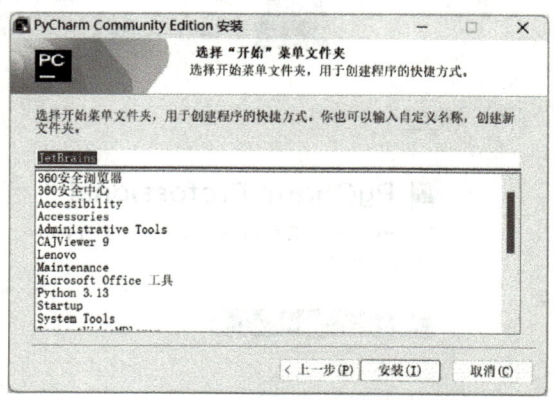

图 1-19　选择"开始"菜单文件夹

7）开始安装 PyCharm，如图 1-20 所示。

8）安装完成后的界面如图 1-21 所示。最后选中"是，立即重新启动（Y）"，然后单击"完成"按钮即可。

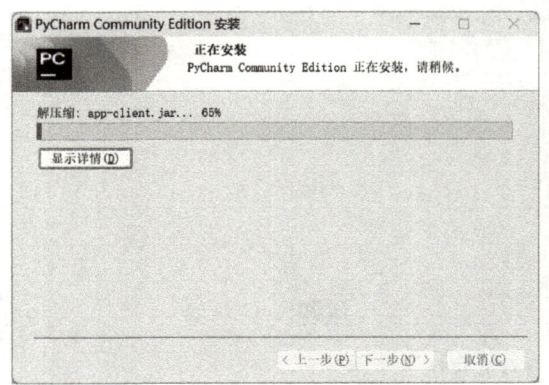

图 1-20　开始安装 PyCharm

图 1-21　PyCharm 安装完成

9）接下来进入 PyCharm 启动界面，双击桌面快捷图标进行启动，如图 1-22 所示。

10）第一次启动 PyCharm，会进入"欢迎访问 PyCharm"对话框。单击"新建项目"按钮，如图 1-23 所示。

11）"新建项目"对话框如图 1-24 所示，创建的位置可以修改，但是建议项目的目录保留"PythonProject"这个名称，如 D:\Python\PyCharmProjects\PythonProject，如图 1-25 所示。单击"创建"按钮进入项目开发界面。

图 1-22　启动 PyCharm

图 1-23　"欢迎访问 PyCharm"对话框

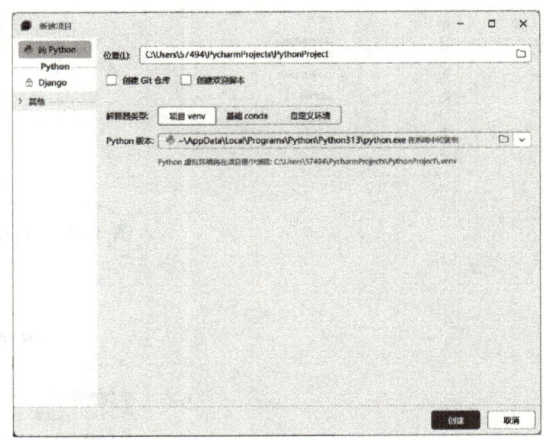

图 1-24　"新建项目"对话框

12）创建好项目后，需要在项目中创建 Python 文件。选中项目名称，右击后选择"新建"→"Python 文件"，如图 1-26 所示。

13）为新建的 Python 文件命名，如图 1-27 所示。

14）按<Enter>键后，创建好的文件界面如图 1-28 所示。

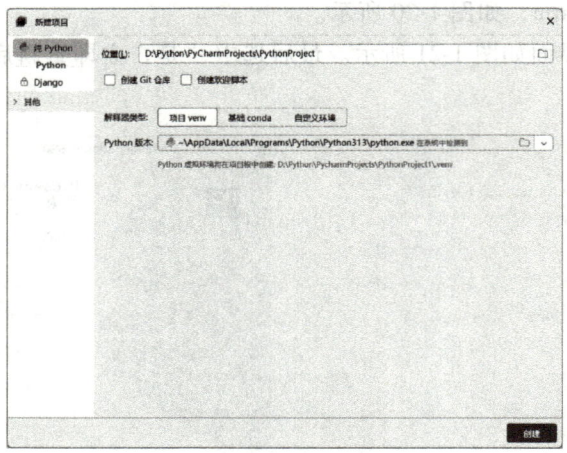

图 1-25　设置项目存放路径

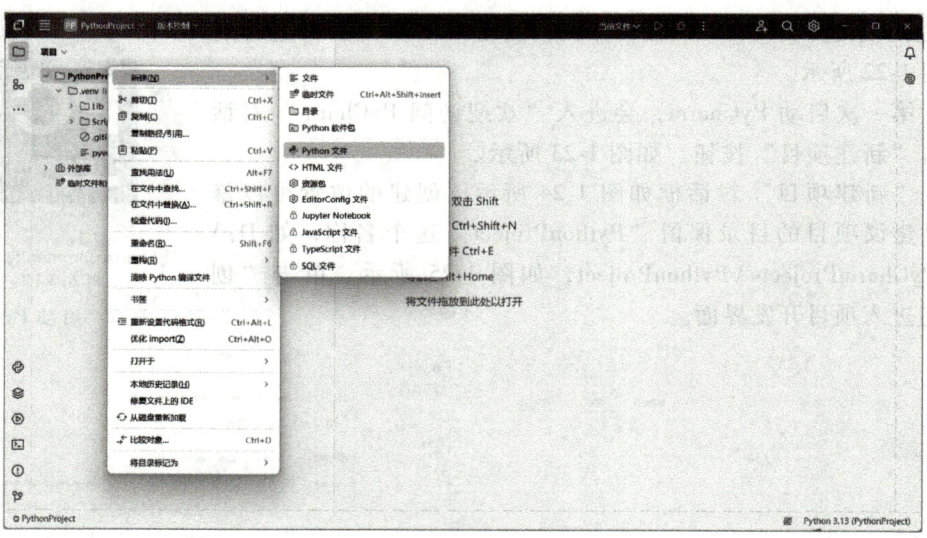

图 1-26　创建 Python 文件

图 1-27　为 Python 文件命名

15）在创建好的 Python 文件中编写程序，如图 1-29 所示。

16）右击"File1.py"文件，选择"运行'File1'"命令运行程序，如图 1-30 所示。程序运行结果如图 1-31 所示。

项目1 同心圆的绘制

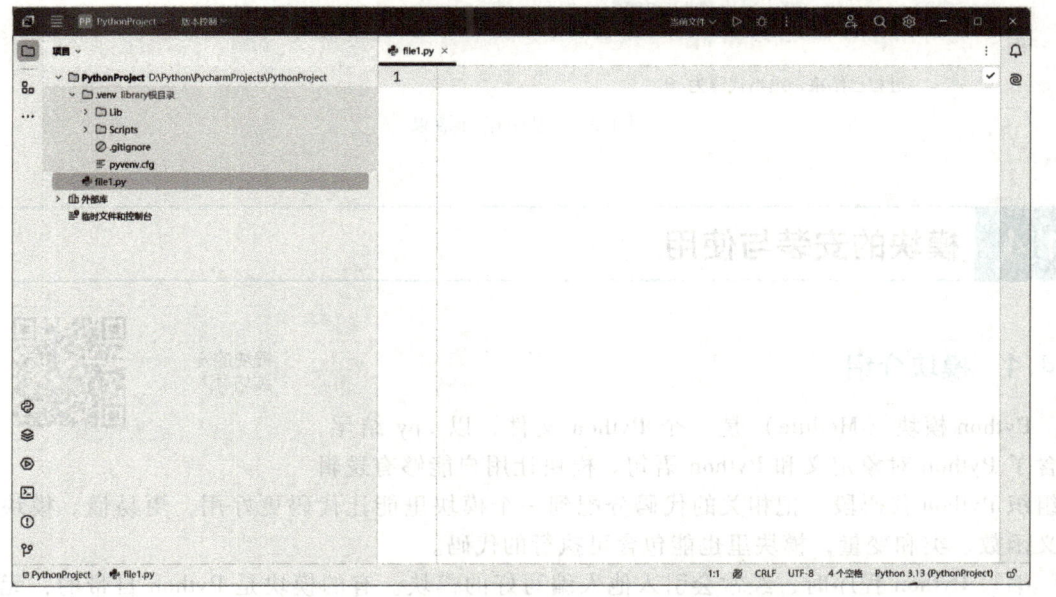

图 1-28　进入文件编辑界面

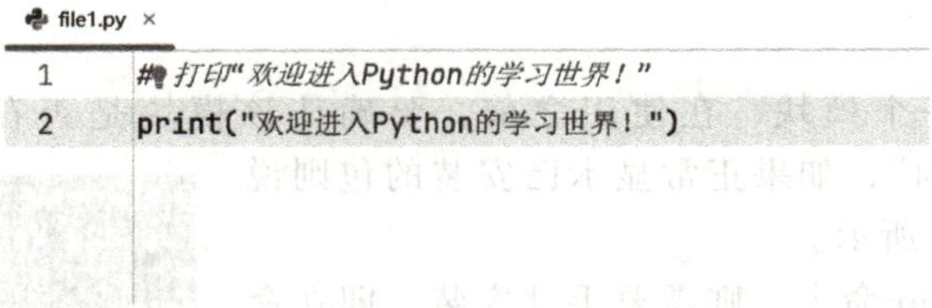

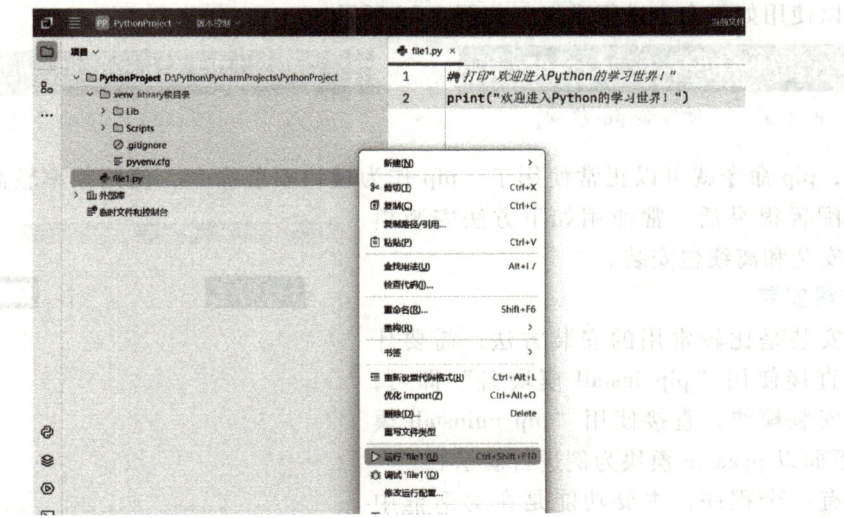

图 1-29　编辑程序

图 1-30　运行程序

```
D:\Python\PycharmProjects\PythonProject\.venv\Scripts\python.exe
欢迎进入Python的学习世界!

进程已结束，退出代码为 0
```

图 1-31　程序运行结果

1.4　模块的安装与使用

1.4.1　模块介绍

Python 模块（Module）是一个 Python 文件，以 .py 结尾，包含了 Python 对象定义和 Python 语句。模块让用户能够有逻辑地组织 Python 代码段。把相关的代码分配到一个模块里能让代码更好用，更易懂。模块能定义函数、类和变量，模块里也能包含可执行的代码。

编写 Python 程序时，经常会引入他人编写好的模块。有的模块是 Python 自带的，无需安装就能直接引用；而有的模块则是由 Python 生态系统里的第三方工程师提供的，需要通过 pip 安装之后，才能进行使用。

1.4.2　模块安装

pip 是 Python 的一个模块，在使用之前，要确认该模块是否存在。可以在命令行（cmd）中输入"pip list"，如果正常显示已安装的包则说明 pip 可用，如图 1-32 所示。

如果显示找不到 pip 命令，则需要手动安装，即在命令行输入以下内容，如图 1-33 所示。

为了保证后续模块的正常安装，如果 pip 不是最新的版本，可以使用如下命令进行升级，如图 1-34 所示。

```
C:\Users\57494>pip list
Package Version

pip     24.2
```

图 1-32　显示是否已经安装 pip 模块

```
C:\Users\57494>python -m ensurepip
```

图 1-33　手动安装 pip 模块

```
C:\Users\57494>pip install --upgrade pip
```

图 1-34　pip 的升级

至此，pip 命令就可以正常使用了。pip 作为模块安装命令，使用频率较高，并且其参数较多，配置很灵活。常使用如下方法安装模块：在线安装和离线包安装。

1. 在线安装

在线安装是比较常用的安装方法，需要什么模块，直接使用"pip install 模块名"即可，想卸载已安装模块，直接使用"pip uninstall 模块名"，下面以 pygame 模块为例进行演示。

现在有一个程序，主要功能是在对话框中输出 3 个矩形，如图 1-35 所示。

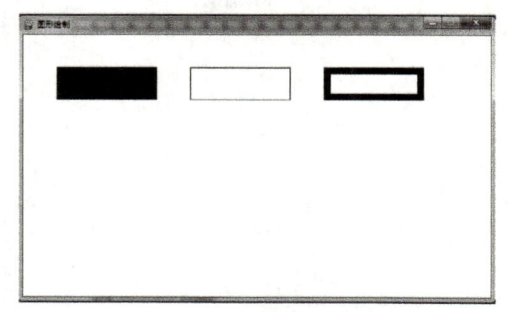

图 1-35　绘制 3 个矩形效果图

核心代码如下：

```
pygame.init()
size = width,height = 700,400
WHITE =(255,255,255)
BLACK =(0,0,0)
clock = pygame.time.Clock()
screen =pygame.display.set_mode(size)
pygame.display.set_caption("图形绘制")
while True:
  for event in pygame.event.get():
    if event.type == pygame.QUIT:
      sys.exit()
screen.fill(WHITE)
pygame.draw.rect(screen,BLACK,(50,50,150,50),0)
pygame.draw.rect(screen,BLACK,(250,50,150,50),1)
pygame.draw.rect(screen,BLACK,(450,50,150,50),10)
# 更新对话框,达到显示的效果
pygame.display.flip()
clock.tick(10)
```

由于这个程序用到了 pygame 模块，因此在代码运行前需要提前安装好这个模块。安装的命令如下：

```
pip install pygame
```

2. 离线包安装

1）库的下载。官方网址为 https://pypi.org/。选择合适的版本，如 32 位或 64 位，Python 2.X 或 Python 3.X 等，文件类型可以是 .whl 或 .tar.gz，下载到本地即可，如图 1-36 所示。当然，也可以直接到 Github 中或使用 Git 下载源码。下载后的库文件扩展名为 .whl。

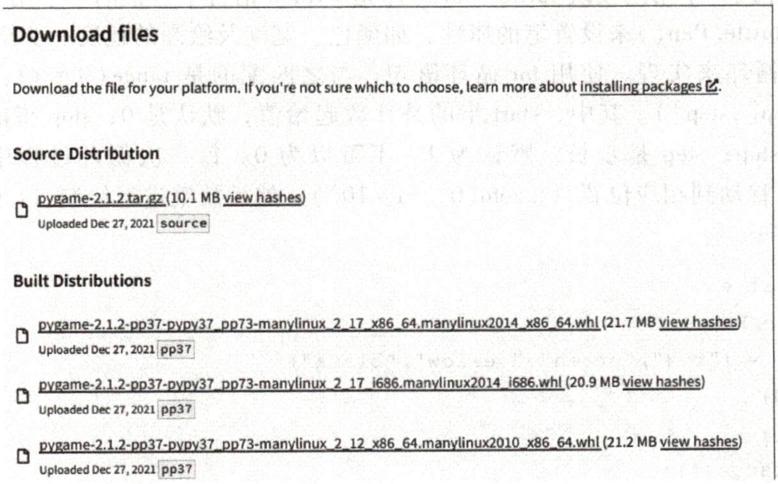

图 1-36　下载 pygame 库

2）库的安装。在 .whl 所在的文件夹下，按住<Shift>键，然后在空白处右击鼠标，选择"在此处打开命令窗口"，进入 cmd 对话框，如图 1-37 所示。

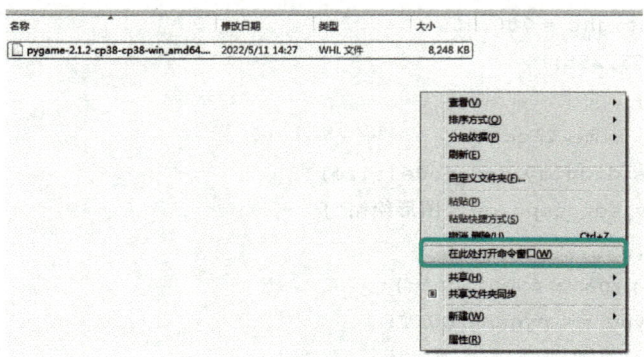

图 1-37　pygame 库的安装

输入下面命令就可以实现安装：

```
pip install pygame-2.1.2-cp38-cp38-win_amd64.whl
```

1.4.3　模块导入

还是以绘制 3 个矩形的程序为例，当 pygame 模块安装好后，如何导入程序进行使用？其实非常简单，只要在程序的开头位置添加如下代码即可。

```
import sys
import pygame
```

接下来，大家可以动手尝试一下安装模块和导入模块。

【项目实施】

首先需要导入一个第三模块 turtle，turtle 库是 Python 语言中自带的一个用于绘制图像的函数库。使用 turtle.Pen() 来设置笔的属性，如颜色、宽度及绘画的速度。要绘制 4 个圆圈，需要通过 4 次循环来实现。使用 for 循环语句，与之匹配的是 range() 函数，它的语法是 range(start, stop[,step])。其中，start 指的是计数起始值，默认是 0；stop 指的是计数结束值，但不包括 stop；step 是步长，默认为 1，不可以为 0。每一次循环过程中，需要提笔（t.penup()），移动到相应位置（t.goto(0, -i * 10)），然后放笔进行绘制（t.pendown()）。

1. 项目代码

```
import turtle
t = turtle.Pen()
my_colors = ("red","green","yellow","black")
t.width(4)
t.speed(1)
for i in range(4):
    t.penup()
```

```
        t.goto(0,-i* 10)
        t.pendown()
        t.color(my_colors[i% len(my_colors)])
        t.circle(15+i* 10)
turtle.done() #程序执行完,窗口仍在
```

2. 自我评价

大家可以先自行编写绘制同心圆的程序,然后进行调试,再对照项目代码,完成自我评价,见表 1-1。

表 1-1 自我评价表

评价要素	评价标准	评价分值	自我评价得分
第三方库的导入	import turtle 的使用是否正确	20	
颜色的设定	my_colors 的定义是否正确	20	
循环语句的使用	for 语句是否实现	20	
各参数的控制	绘图参数的设定是否正确	20	
结果输出	结果显示是否正确	20	

【项目总结】

本项目是同心圆的绘制。在项目实施过程中,学习了以下知识与技能:
1) 了解了 Python 的发展历程和特点。
2) 熟悉了 Python 的应用领域。
3) 掌握了 Python 开发环境的搭建。
4) 学习了如何在 Python 中安装第三方的模块及导入模块。

本项目主要是在完成 Python 开发环境搭建的基础上,实现第一个程序的编写。需要注意变量的赋值、循环语句的使用,以及程序的缩进。

【思考与练习】

1. 判断题

1) Python 是一种跨平台、开源、免费的高级动态编程语言。( )
2) Python 3.X 完全兼容 Python 2.X。( )
3) Python 3.X 和 Python 2.X 唯一的区别:print 在 Python 2.X 中是输出语句,而在 Python 3.X 中是输出函数。( )
4) 在 Windows 平台上编写的 Python 程序无法在其他平台运行。( )
5) 不可以在同一台计算机上安装多个 Python 版本。( )
6) Python 最大的缺点就是具有伪代码的本质,它使程序员在开发程序时,需要搞明白语言本身。( )
7) 尽管可以使用 import 语句一次导入任意多个标准库或扩展库,但是仍建议每次只导

入一个标准库或扩展库。（　　）

8）pip 命令也支持扩展名为 .whl 的文件直接安装 Python 扩展库。（　　）

9）使用 PyCharm 时，可以选择"Create New Project"来创建一个项目。（　　）

10）安装 Python 时，需要根据自己的系统来选择相应的安装程序。安装后，也需要配置系统的环境变量。（　　）

2. 单选题

1）下列选项中，不属于 Python 语言特点的是（　　）。

A. 面向对象

B. 运行效率高

C. 可读性好

D. 开源

2）Python 程序文件的扩展名是（　　）。

A. python

B. py

C. pt

D. pyt

3）Python 语言采用严格的"缩进"来表明程序的格式框架。下列说法不正确的是（　　）。

A. 缩进指每一行代码开始前的空白区域，用来表示代码之间的包含和层次关系

B. 代码编写中，缩进可以用<Tab>键实现，也可以用多个空格实现，但两者不混用

C. 缩进有利于程序代码的可读性，并不影响程序结构

D. 不需要缩进的代码顶行编写，不留空白

4）Python 语言属于（　　）。

A. 机器语言

B. 汇编语言

C. 高级语言

D. 科学计算语言

5）以下叙述正确的是（　　）。

A. Python 3.X 和 Python 2.X 兼容

B. Python 语言只能以程序方式执行

C. Python 是解释型语言

D. Python 语言出现晚，具有其他高级语言的一切优点

6）下列关于 Python 的说法中，错误的是（　　）。

A. Python 是从 ABC 语言发展起来的

B. Python 是一门高级的计算机语言

C. Python 是一门只面向对象的语言

D. Python 是一种代表简单主义思想的语言

7）函数 input()的功能是（　　）。

A. 打印输出文本信息

B. 获取用户的输入

C. 进行数据类型转换

D. 查看数据类型

8) 函数 input( ) 的括号中加入字符串的作用是（　　）。

A. 打印输出字符串

B. 提示信息，用于用户输入信息提示

C. 无明显作用，可以省略

D. 查看数据类型

9) 关于 Python 语言的特色，如下选项中描述错误的是（　　）。

A. Python 语言是非开源语言

B. Python 语言是跨平台语言

C. Python 语言是多模型语言

D. Python 语言是脚本语言

10) 如下选项中，不是 Python 语言特色的是（　　）。

A. 变量声明：Python 语言具备使用变量需要先定义后使用的特色

B. 平台无关：Python 程序能够在任何安装了解释器的操作系统中执行

C. 黏性扩展：Python 语言可以集成 C、C++ 等语言编写的代码

D. 强制可读：Python 语言经过强制缩进来体现语句间的逻辑关系

项目 2　身体质量指数的计算

[知识目标]
1. 理解 Python 编程风格。
2. 掌握标识符的命名规则。
3. 了解 Python 内置数据类型。

[技能目标]
1. 学会使用 Python 缩进与注释。
2. 掌握变量的定义与使用。
3. 掌握基本的数值运算符使用。

[素养目标]
1. 养成良好的编程风格。
2. 善于通过编程来解决实际问题。
3. 加强身体锻炼，提高身体素质。

【项目描述】

身体质量指数（Body Mass Index，BMI），简称体质指数，是国际上通过公式计算人体胖瘦程度和是否处于健康状态的标准。BMI 在 19 世纪中期由比利时通才凯特勒最先提出。

如表 2-1 所示，按照我国标准，BMI 在 $18.5 \sim 23.9 \mathrm{kg \cdot m^{-2}}$ 为正常，BMI 在 $24.0 \sim 27.9 \mathrm{kg \cdot m^{-2}}$ 为超重，BMI$\geqslant 28.0 \mathrm{kg \cdot m^{-2}}$ 为肥胖，而 BMI$\leqslant 18.4 \mathrm{kg \cdot m^{-2}}$ 为消瘦。

表 2-1　中国成人居民 BMI 衡量标准

BMI/$\mathrm{kg \cdot m^{-2}}$	体型
$\leqslant 18.4$	消瘦
$18.5 \sim 23.9$	正常
$24.0 \sim 27.9$	超重
$\geqslant 28.0$	肥胖

要计算 BMI 值，首先要得到自己的体重和身高数据，然后通过 BMI 的计算公式，求得身体质量指数。参考 BMI 的衡量标准，体重过轻或过重均不利于身体健康。因此，若体重过轻，可以通过增肌训练，以及适量增加高蛋白、优质脂肪、高热量的食物，如肉类、蛋类等，来改善。若体重过重，可以通过运动，如瑜伽、慢跑、游泳、散步等，以及调整饮食结构、控制热量摄入等方法降低体重。

【项目分析】

身体质量指数 BMI 的计算公式为：

$$BMI = 体重 \div 身高^2$$

式中，体重单位为千克，身高单位为米。

【知识与技能储备】

编写 Python 程序来计算 BMI 值，需要理解 Python 程序的编程规范及变量的定义与使用。

2.1 代码格式

2.1.1 代码高亮

代码高亮

在 Python 编程中，代码高亮是一种非常重要的功能。代码高亮可以使代码更加清晰易懂，同时也能提高编程效率和可读性。

Python 代码高亮可以通过代码编辑器来实现，在编辑框中输入代码时，PyCharm 会在后台对其进行分析。这个 IDE 能够智能地识别出关键字、变量、字符串、注释等，并以不同的字体颜色进行显示。PyCharm 的符号配色方案定义在 Color Scheme 中，设置的方式为 File→Settings→Editor→Color Scheme→General，如图 2-1 所示（考虑到部分用户的 PyCharm 是英文版，因此本图采用英文版展示）。中文路径为"文件"→"设置"→"编辑器"→"配色方案"→"常规"。

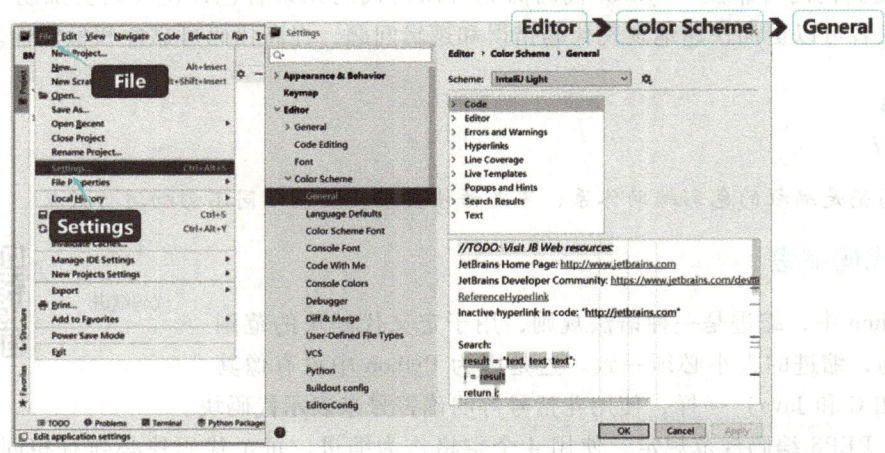

图 2-1 代码高亮设置

首先是 Scheme 的设置，这是颜色配置方案，随着 PyCharm 版本的升级，Scheme 的内容也随之调整。选定其中一种方案，如 IntelliJ Light，选择区域内的字体，则会跳出颜色配置方案，如图 2-2 所示。

PyCharm 提供了 4 种颜色设置，分别是 Foreground、Background、Error stripe mark 及 Effects，其中颜色框内对应的数字就是该颜色的 RGB 值。

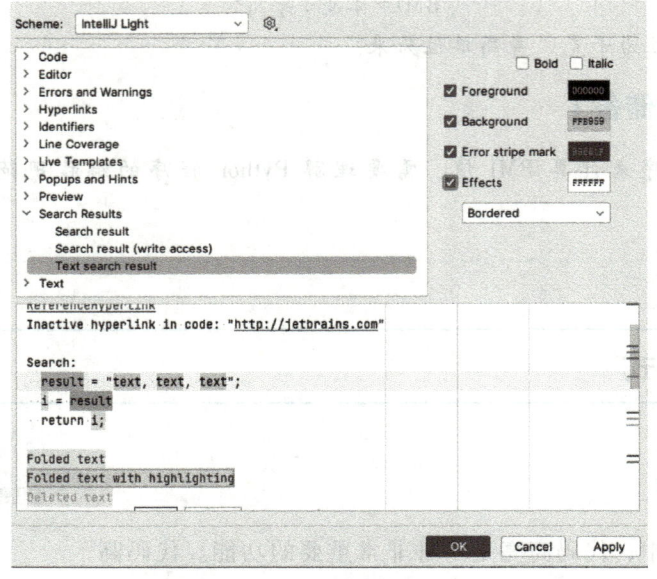

图 2-2　PyCharm 颜色配置

Python 代码高亮具有以下优势。

（1）提高代码可读性　Python 代码高亮可以将不同语法元素着色，使代码更加清晰易懂。开发者可以更加快速地理解代码结构和逻辑，提高代码编写效率和准确性。

（2）增加代码美观度　Python 代码高亮可以将代码着色，使代码更加美观。开发者可以更加愉悦地编写代码，同时也能提高用户体验和优化搜索引擎。

（3）提高代码可靠性　Python 代码高亮可以将代码元素着色，使代码更加易于检查和校验。开发者可以更加快速地发现代码错误和逻辑问题，提高代码可靠性和稳定性。

代码高亮是编程的色彩辅助体系，不是语法要求，颜色不同不影响运行效果。

2.1.2　代码缩进

在 Python 中，缩进是一种语法规则，用于定义代码块的范围和层次结构，缩进的大小必须一致。这是因为 Python 中没有像其他语言（如 C 和 Java）一样，使用花括号等明确符号来表示代码块。

Python PEP8 编码规范规定，使用 4 个空格作为缩进。每个代码块必须有相同的缩进，不能混用空格和 Tab 字符。原因是空格和 Tab 字符显示都是空白，如果混用，代码显示容易混淆，将增加维护和调试难度。

在图 2-3 所示的程序中（为了更清楚地展示缩进效果，图片采用的外观主题是 Dark 风格），由于__init__()、show() 和 insert() 3 个方法均隶属于类 StudentList，因此 3 个方法的头部（def 关键字）都要缩进 4 个空格，这是一种从属关系。而 3 个方法之间是平等的，因此方法的头部是对齐的，表明是同一个层级。

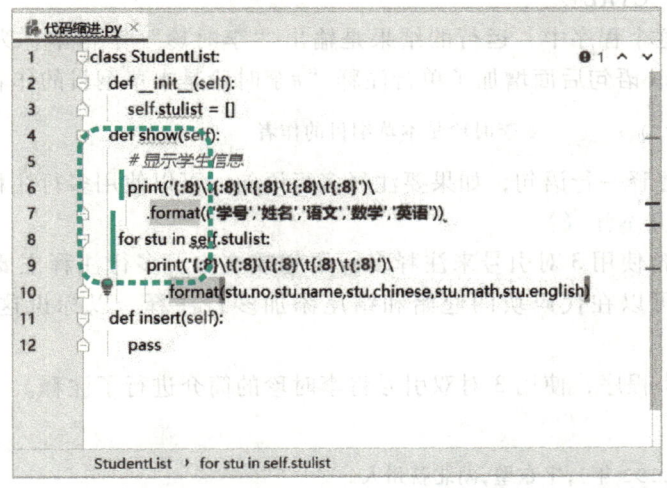

图 2-3　代码缩进分析

图 2-4 所示的程序运行时就会报错，出错的原因是在 show()方法中，print()方法与 for 循环是同级的，但是没有保持同样的缩进，程序就会报出"unindent does not match any outer indentation level"。

图 2-4　程序缩进错误

如果在一个程序的两个方法中，使用不同的缩进，程序是否会报错呢？例如，下面这段程序：

```
def sum(a,b):
    sum = a + b
    print(sum)
def sub(a,b):
  sub = a - b
  print(sub)
```

```
sum(10,2)
sub(10,2)
```

在 sum()方法中，代码段前面缩进4个空格，而在 sub()方法中，代码段前面缩进2个空格。运行程序后发现能够正常通过，这就证明 Python 要保持同样的缩进是指在同一个方法的代码段中。虽然在不同方法的代码段中可以采用不同的缩进，但是不建议这样使用，因为这样会扰乱 Python 统一的缩进风格。

2.1.3 代码注释

可以发现，专业开发人员编写的程序里，不光有代码，还要有很多注释。代码注释即对代码进行批注说明，它们在代码执行过程中不会被解释器解释，对解释器来说相当于不存在。

Python 的注释分为两种：单行注释和多行注释（文本注释）。

1. 单行注释

Python 中以符号"#"为单行注释的开始，从它往后到本行的末尾，都是注释内容。单行注释的快捷键是"CTRL+/"。

例如，在下面这个程序中，运行的结果是输出"李时珍"字符串，为了进一步说明李时珍的身份，在 print 语句后面增加了单行注释"#李时珍是本草纲目的作者"。

```
print ("李时珍")        # 李时珍是本草纲目的作者
```

单行注释只能注释一行语句，如果要注释多行语句，可以使用多行注释。

2. 多行注释（文本注释）

在 Python 中通常使用3对引号来注释多行语句或文本。多行注释主要用于添加程序模块的说明文档，也可以在代码块的起始和结尾添加多行注释，以标识这段代码的功能和作用。

例如，下面这个程序，使用3对双引号将李时珍的简介进行了注释。

```
"""
李时珍(1518—1593年),字东璧,湖北蕲州人。
明代著名医药学家,与"医圣"万密斋齐名。
古有"万密斋的方,李时珍的药"之说。
"""
```

Python 代码注释具有以下作用。

（1）提高代码的可读性和可维护性　通过添加适当的注释，可以使代码更容易被理解和阅读，减少代码的理解和修改时间，提高代码的可维护性。

（2）减少代码的错误和调试时间　通过注释可以帮助快速定位代码中的问题，减少调试时间。

（3）对于代码的重构和优化　通过注释可以帮助用户更好地理解代码的结构和功能，并根据实际需求对代码进行重构和优化。

作为一名程序开发人员，在使用注释的时候要注意以下几个方面的内容。

（1）简洁明了　注释应该简洁明了，具有易懂性和易于维护性，避免使用复杂和冗长的注释。

（2）添加注释的正确位置　注释应该写在代码之前而不是代码之后，因为在阅读代码时更容易发现注释。

（3）多行注释的位置与内容　多行注释应该在程序模块的开始处添加，并包括程序的名称、作者、版本、日期等信息。

（4）自动生成注释　可以使用 Python 注释工具来自动生成注释，以提高编写注释的效率。

2.1.4　代码换行

在 Python 中，可以使用多种方式来换行，以使代码更易于阅读和理解。Python 代码的换行操作有 3 种，加反斜杠、加括号和加三引号。

1. 加反斜杠

反斜杠是常见的代码断行的号，可以在长表达式（或长字符串）中添加反斜杠"\"并按<Enter>键到下一行，如图 2-5 所示。注意，反斜杠后不能带其他的内容。

例如，在这个程序中，arg_3 和 c 都是对 arg_1 和 arg_2 进行求和，在做 arg_3 计算的时候加法表达式在一行中完成，在做 c 计算的时候加法表达式换成了两行，运行结果都是 3。

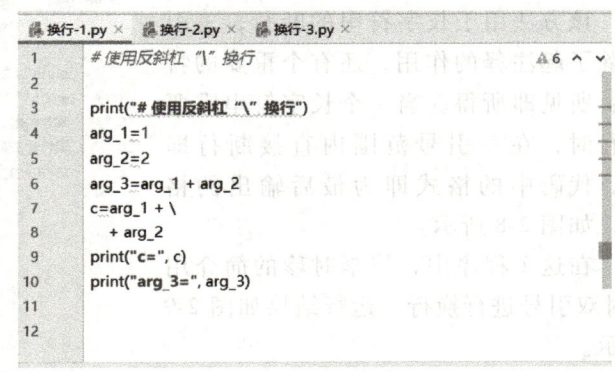

图 2-5　反斜杠的使用

2. 加括号

对于长表达式，添加括号，如"()""{}"或"[]"，则表达式可以直接断行；对于长字符串则需要在多行之间都加上引号，如图 2-6 所示。长列表、元组等本身就包含括号的对象，则在逗号","之后按<Enter>键即可。

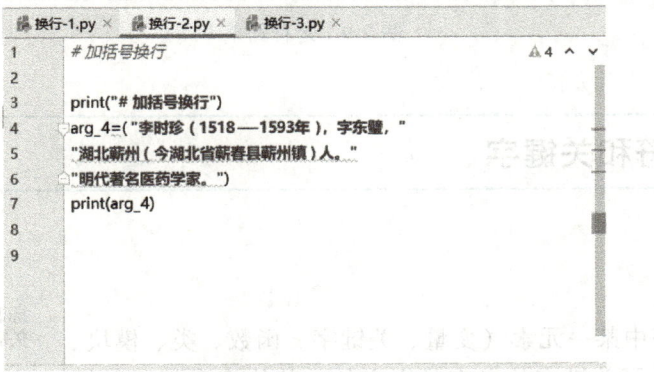

图 2-6　加括号换行

在这个程序中，由于李时珍的简介内容较多，放在一行过长，因此采用了加()的形式，括号里面尽管分成了三行，但是最终显示结果还是在一行中，如图 2-7 所示。

图 2-7　运行结果

3. 加三引号

该方法用于长字符串的断行,三引号除了起注释的作用,还有个重要的特性:所见即所得。当一个长字符串需要断行时,在三引号范围内直接断行即可,代码中的格式即为最后输出的格式,如图 2-8 所示。

在这个程序中,将李时珍的简介用 3 对双引号进行换行,运行结果如图 2-9 所示。

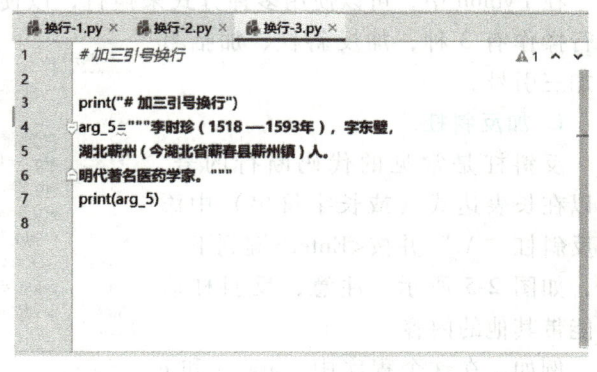

图 2-8　加三引号换行

图 2-9　运行结果

2.2　标识符和关键字

2.2.1　标识符

标识符与关键字

标识符是程序中某一元素(变量、关键字、函数、类、模块、对象)的名字。除了关键字的名字是固定的,其他元素都可以根据标识符的命名规则进行命名。

标识符的具体命名规则如下。

1)大小写字母、数字、下画线和汉字等字符组合,如 StudentName、user_name、Python 语言。

2）区分大小写字母，且首字母不能是数字，如 Python 与 python 是两个不同的标识符，Python3 是正确的，但是 3Python 就是错误的。

3）标识符不能使用关键字，也不能使用特殊符号，如空格、@、%、$ 等特殊字符。

4）不推荐使用中文标识符，可能出现未知隐藏问题，如与其他程序交互问题等。

作为一名合格的程序开发人员，在编写程序的时候不仅要严格遵守标识符的命名规则，同时也要养成良好的标识符命名习惯。

首先，标识符的名字要体现一定的含义，如在给"书"命名标识符的时候，"Book"就要比简单的"a"更让人容易理解。其次，Python 标识符也有自己的命名规范。

常量名通常用大写的单词，如 PI_VALUE = 3.14。

模块名、函数名采用小写的单词，如 def show_infomation()。

类名则用大写字母开头的单个或多个单词，如 class Student。

以下是典型错误案例。

（1）标识符出现特殊字符　　如 name$ = "何平"，程序运行之后会报出错误信息"SyntaxError：invalid syntax"，该信息提示有无效的语法，其原因是在标识符的命名中不能出现特殊字符。

（2）标识符以数字开头　　如 3name = "何平"，程序运行之后会报出错误信息"SyntaxError：invalid decimal literal"，该信息提示有无效的十进制文字，其原因是数字后面只能紧跟数字，如果后面紧跟英文单词、中文或其他符号，就失去了数字本身的含义。

2.2.2　关键字

有一部分标识符是 Python 自带的、具有特殊含义的名字，称为"关键字"或"保留字"。例如，现实生活中一些具有特殊意义的名字中国、地球、宇宙等，都有自己固定的用法，不能用于其他用途。例如，不能用关键字给变量或函数等元素命名，否则程序会报错。

Python 的标准库提供了一个 keyword 模块，可以输出当前版本的所有关键字。具体代码如下：

```
import keyword
print(keyword.kwlist)
```

Python 关键字见表 2-2。

表 2-2　Python 关键字

关键字	说明
and	表示逻辑与运算，如果每一个表达式都为真，那么返回最后一个真值；如果表达式存在假，那么返回第一个假值
as	主要有两种搭配用法，一种是 import…as，用于给引入模块起别名，另一种是 with…as，用来简化 try…finally 代码，以优雅的方式处理上下文环境产生的异常
assert	断言，声明布尔值必须为真的判定，如果发生异常就说明表达式为假。可以理解 assert 语句为 raise…if…not，用来测试表示式，其返回值为假，就会触发异常
break	break 语句用来终止循环语句，即循环条件没有 False 条件或序列还没被完全递归完，也会停止执行循环语句

（续）

关键字	说明
class	用来描述具有相同的属性和方法的对象的集合，表示类
continue	告诉 Python 跳过当前循环的剩余语句，然后继续进行下一轮循环
def	函数代码块以 def 关键词开头，后接函数标识符名称和圆括号
del	作用在变量上，表示删除变量引用，而不是数据
elif	是 if 条件语句中的子句，必须与 if 一起使用，判断条件为多个时使用 elif 子语句，elif 是 else if 的简写
else	不是独立语句，需要和其他语句搭配使用，有两种用法：一种是与 if 一起使用，作为条件语句的子句；另一种是与 for、while 或 try 语句搭配使用，循环或逻辑正常完成时，else 语句块才被执行
except	搭配 try 语句使用，处理 Python 程序在运行中出现的异常和错误
false	数据类型为 bool 类型的实例对象值，表示假
finally	与 try 搭配使用，表示无论是否发生异常都要执行 finally 语句块，由于这个特性，finally 经常被用来做一些清理工作
for	循环遍历语句，与 in 一起使用来遍历数据对象
from	与 import 一起使用，表示从模块中导入一个指定的部分到当前命名空间中
global	global 将变量定义为全局变量。可以通过定义为全局变量，实现在函数内部改变变量值
if	用来构造条件判断语句中的"如果"语句
import	用来导入包或模块的关键字
in	一是与 for 搭配用于遍历对象，二是用于判断一个元素是否存在于数据对象中
is	判断两个标识符是否引用自一个对象，即占用的内存地址是否相同
lambda	函数速写，定义了一个匿名函数
None	Python 中的一个特殊常量，可以赋值给任何变量，类似于其他语言中的 null，Python 中没有 null
nonlocal	用来在函数或其他作用域中使用外层（非全局）变量
not	可用于逻辑"非"运算，也可以与 in、is 组合分别表示"不包含"和"不是"条件判断
or	表示逻辑"或"运算，只要有表达式不是假，那么就返回第一个不是假的表达式值；当所有表达式都是假时，返回最后一个表达式的假值
pass	空语句，保持程序结构的完整性。pass 不做任何事情，一般用作占位语句
raise	类似于 Java 中的 throw 关键字，表示抛出异常，通常与 try except 搭配使用
return	将结果返回到调用的地方，并把程序的控制权一起返回
True	bool 数据类型的实例对象值，表示真
try	try 后面跟着有可能抛异常的语句，一般形如 try…except…finally，except 指定的相应异常接住该异常后做相应处理，finally 后面的语句不管是否发生异常都会执行
while	while 语句用于循环执行程序，即在某条件下，循环执行某段程序
with	从 Python 2.6 开始，with 就成为默认关键字。与 as 一起搭配使用，with…as…可以用来简化 try finally 代码，以很优雅的方式处理上下文环境产生的异常
yield	一个类似 return 的关键字，在迭代过程中，每次遇到 yield 时就返回 yield 后面的值；下一次迭代时，从上一次迭代遇到的 yield 后面的代码开始执行
async 和 await	在 Python 中，async 和 await 是用于异步编程的关键字，引入了异步，又称协程（coroutine）的概念。异步编程是一种处理并发任务的方式，使得程序能够在等待某些 I/O 操作（如文件读写、网络请求等）的同时继续执行其他任务，而不会发生阻塞

2.3 变量

2.3.1 变量本质

Python 是一种面向对象的解释型计算机程序设计语言，面向对象的一个典型表现是，在 Python 中一切皆为对象。Python 变量是对象的引用，实际数据包含在对象中。例如，a=1，表明在内存中有一个空间，该空间存放的数据就是 1，而 a 是该空间的引用，即 a 指向该空间。类比网上购书，购买的书本就是里面的值，快递盒就是存放物品的空间，而快递盒外面的标签就是变量名，如图 2-10 所示。

图 2-10 变量在内存中的存储

2.3.2 创建 Python 变量

在 Python 中，变量是最基本的编程单元之一，用于存储和处理数据。下面介绍 Python 中创建变量的几种方式。

1. 直接赋值

在 Python 中，可以使用赋值语句直接将值赋给变量。例如：

```
name = "何平"
age = 23
```

在这个程序中，将字符串"何平"赋值给了变量 name，将数值 23 赋值给了变量 age。

2. 多重赋值

同时创建多个变量并为每个变量指定相应的值。例如：

```
# 创建三个变量 num、result、course,并分别赋予不同类型的值
num, result, course = 100, False, "Python"
```

在这个程序中，会依次将 100 赋值给 num，False 赋值给 result，"Python" 赋值给 course。在使用多重赋值时，需要注意变量的数量与值的数量要对应，不能缺失变量的个数或值的个数。

3. 通过 input( )赋值

input( )是 Python 的内置函数，用于从控制台读取用户输入的内容。input( )函数以字符

串的形式来处理用户输入的内容，所以用户输入的内容可以包含任何字符。例如：

```
name = input("请输入您的姓名:")
```

在这个程序中，input()函数会以对话框的形式等待接收用户输入的字符串，并将字符串赋值给变量name。在使用input()函数时需要注意的是，即使用户输入数字100，input()函数也将其当成字符串进行处理，如果需要实现数字功能的话，则需要进行格式转换，如前面加上int。例如：

```
age = int(input("请输入您的年龄:"))
```

2.3.3 改变变量对对象的引用

如前节所述，Python 变量是对象的引用。但是实际数据包含在对象中，Python 变量在程序运行的过程中可以随时改变对对象的引用。如以下程序所示：

```
age = 23
print(age)
age = "47"
print(age)
```

当执行"age=23"语句时，Python 解释器会创建一个整数类型对象，其值为 23，然后把变量 age 关联到这个整数类型对象上。当执行"age='47'"这条语句时，Python 解释器会创建另外一个字符串类型对象"47"，然后把变量 age 关联到这个字符串类型对象上。这时，变量 x 引用的对象是"47"，而不是之前的 23 了。

每个对象被创建时都有一个唯一的标识（id），可以认为它就是对象的内存地址，用 id() 函数可以检查变量引用对象的标识。

```
age = 23
print(id(age))
age = "47"
print(id(age))
```

运行结果如下：

```
140733002606056
1644950358896
```

这两个数字就是两个 age 在内存中所存放的地址，而且每次运行其结果也不一样。由此可见，两个 age 变量的地址是不一样的，因此这是两个变量，只是变量名一样。在"age=23"中，age 变量名指向了地址为"140733002606056"的内存空间，在"age='47'"中，age 变量名又指向了地址为"1644950358896"的内存空间。由于"140733002606056"内存空间已经没有了引用，因此无法再使用这个空间，这个空间也就成为内存垃圾，在程序结束之后等待 Python 的自动回收。

2.3.4 对象的类型、标识和值

对象在创建时具有以下属性。

（1）标识符（id） Python 内置函数 id()返回对象的唯一标识符，标识符是一个整数，可以认为它就是对象的内存地址。

（2）类型（type） 对象的类型不可改变，对象的类型确定了对象能够支持的操作，同时也定义了该种对象的取值范围。

（3）值（value） 某些对象的值可以改变，某些对象的值不可以改变。值可以改变的对象称为可变的对象，如列表、字典、集合。一旦赋值完成就不能改变的对象称为不可变的对象，如整数、字符串、元组。

2.4 数值类型

Python 有 4 种内置数值类型。
1）整数类型（int）。
2）浮点数类型（float）。
3）布尔类型（bool）。
4）复数类型（complex）。

数据类型：整型、浮点型与复数类型

数值类型主要用于数学运算，以及索引成员变量。

2.4.1 整数类型

整数就是没有小数部分的数字，Python 中的整数包括正整数、0 和负整数。

有些强类型的编程语言会提供多种整数类型，每种类型的长度都不同，能容纳的整数的大小也不同，开发者要根据实际数字的大小选用不同的类型。例如，C 语言提供了 short、int、long、long long 共 4 种类型的整数，它们的长度依次递增，初学者在选择整数类型时可能会比较迷惑，有时还会导致数值溢出的问题。

而 Python 则不同，它的整数不分类型，或者说它只有一种类型的整数。Python 整数的取值范围是无限的，不管多大或多小的数字，Python 都能轻松处理，这是因为 Python 内部使用了任意精度的算术。

在 Python 中，可以使用多种进制来表示整数。

（1）十进制形式 平时常见的整数就是十进制形式，它由 0~9 共 10 个数字排列组合而成。

注意：使用十进制形式的整数不能以 0 作为开头，除非这个数值本身就是 0。

（2）二进制形式 由 0 和 1 两个数字组成，书写时以 0b 或 0B 开头。例如，0b 101 对应的十进制数是 5。

（3）八进制形式 八进制整数由 0~7 共 8 个数字组成，以 0o 或 0O 开头。注意，第一个符号是数字 0，第二个符号是大写或小写的字母 O。如 0o17 对应的十进制数是 15，换算过程是 $1×8^1+7×8^0 = 15$。

（4）十六进制形式 由 0~9 共 10 个数字及 A~F（或 a~f）共 6 个字母组成，书写时以 0x 或 0X 开头，如 0x1F，换算成十进制的过程是 $1×16^1+15×16^0=31$。

2.4.2 浮点数类型

在编程语言中，小数通常以浮点数的形式存储。浮点数和定点数是相对的：小数在存储过程中，如果小数点发生移动，就称为浮点数；如果小数点不动，就称为定点数。

Python 中的小数有两种书写形式。

1. 十进制形式

十进制形式就是平时看到的小数形式，如 34.6、346.0、0.346。

书写小数时必须包含一个小数点，否则会被 Python 当作整数处理。

2. 指数形式

Python 小数指数形式的写法为：

aEn 或 aen

其中，a 为尾数部分，是一个十进制数；n 为指数部分，是一个十进制整数；E 或 e 是固定的字符，用于分割尾数部分和指数部分。整个表达式等价于 $a×10^n$。

指数形式的小数实例如下。

2.1E5 = $2.1×10^5$，其中 2.1 是尾数，5 是指数。

3.7E-2 = $3.7×10^{-2}$，其中 3.7 是尾数，-2 是指数。

0.5E7 = $0.5×10^7$，其中 0.5 是尾数，7 是指数。

注意：只要写成指数形式就是小数，即使它的最终值看起来像一个整数。例如，14E3 等价于 14000，但 14E3 是一个小数。

C 语言有两种小数类型，分别是 float 和 double。float 能容纳的小数范围比较小，double 能容纳的小数范围比较大。与 C 语言不同的是，Python 只有一种小数类型，就是 float，默认是双精度类型，占 8 字节的内存空间。浮点数的表示范围如下。

浮点数的最大值：1.7976931348623157e+308。

浮点数的最小值：2.2250738585072014e-308。

布尔型、字符串类型

2.4.3 布尔类型

布尔类型本质是整数类型的一个子类，取值只有两个：一个是 True，另一个是 False。这两个值的第一个字母是大写的。

Python 将 0、None、空字符串及空容器（如空列表、空元组、空字典等）都视为 False，其他非空值都视为 True。因此，可以将这些数据类型转换为布尔类型，如下所示：

```
bool(0)             # False
bool(None)          # False
bool('')            # False
bool([])            # False
bool(())            # False
bool({})            # False
bool(1)             # True
bool('hello')       # True
bool([1, 2, 3])     # True
```

2.4.4 复数类型

在 Python 中，复数是一种数据类型，表示由实部和虚部组成的复数。Python 中的复数使用 j 或 J 表示虚数单位。

复数可以用以下形式表示：

a+bj 或 a+bJ

其中，a 表示实部，b 表示虚部。

在 Python 中，可以使用 complex( ) 函数来创建一个复数，如下所示：

```
z = complex(2, 3)       # 创建实部为 2,虚部为 3 的复数。
```

可以使用 real 和 imag 属性来获取复数的实部和虚部，如下所示：

```
print(z.real)           # 输出实部 2.0
print(z.imag)           # 输出虚部 3.0
```

可以使用加、减、乘、除等运算符来对复数进行数学运算，如下所示：

```
z1 = complex(2, 3)
z2 = complex(4, 5)
print(z1 + z2)          # 输出 (6+8j)
print(z1 - z2)          # 输出 (-2-2j)
print(z1 * z2)          # 输出 (-7+22j)
print(z1 / z2)          # 输出 (0.5609756097560976+0.04878048780487781j)
```

需要注意的是，Python 中的整数和浮点数可以与复数进行运算，但是非数字类型与复数之间不能进行运算。

Python 中的复数主要用于科学计算和工程计算中的复数计算，如电路分析、信号处理、图像处理等领域。

在电路分析中，复数可以用来表示电路中的电压、电流等物理量。例如，电压可以表示为实部加上虚部的复数，而阻抗可以表示为复数形式的电阻和电抗。

在信号处理中，复数可以用来表示信号的幅度和相位。例如，正弦信号可以表示为实部为幅度、虚部为相位的复数形式。复数广泛应用于频域变换算法，如傅里叶变换、离散傅里叶变换等。

在图像处理中，复数可以用来表示图像的频域信息。例如，图像可以通过傅里叶变换转换为频域信息，而频域信息可以表示为实部和虚部的复数形式。在图像处理中，复数形式的卷积可以达到更高效率的滤波效果。

除此之外，复数还可以用于解决一些数学问题，如求解方程、计算积分等。

2.5 内置数值运算

Python 内置了丰富的数值运算，如加、减、乘、除等。算术运算符的使用说明见表 2-3。

表 2-3 算术运算符使用说明

运算符	功能说明	示例
+	加法运算	3+5=8
-	减法运算	3-5=-2
*	乘法运算	3*5=15
/	除法运算	3/5=0.6
//	整除,取商的整数部分	3//5=0
%	取余,获取余数	3%5=3
**	幂运算	3**5=243

运算符与"="结合在一起就是复合赋值运算符,如+=、-=、*=、/=等,复合赋值运算符的运算规则见表 2-4。

表 2-4 复合赋值运算符的运算规则

运算符	描述	示例
=	简单的赋值运算符	c=a+b,将 a+b 的运算结果赋值为 c
+=	加法赋值运算符	c+=a,等效于 c=c+a
-=	减法赋值运算符	c-=a,等效于 c=c-a
*=	乘法赋值运算符	c*=a,等效于 c=c*a
/=	除法赋值运算符	c/=a,等效于 c=c/a
%=	取模赋值运算符	c%=a,等效于 c=c%a
**=	幂赋值运算符	c**=a,等效于 c=c**a

2.5.1 布尔运算

Python 内置的布尔运算有与(and)、或(or)、非(not),运算规则见表 2-5。

表 2-5 布尔运算

运算符	表达式	结果
and(与运算)	x and y	如果 x 为 False 则不考虑 y;如果 x 为 True 则取决于 y[1]
or(或运算)	x or y	如果 x 为 False 则取决于 y;如果 x 为 True 则不考虑[2]
not(非运算)	not x	如果 x 为 False 则为 True,否则为 False[3]

[1] 只有当第一个为 True 时才去验证第二个,即两个变量都为 True 时结果才为 True。
[2] 只有当第一个为 False 时才去验证第二个,即两个变量只要有一个为 True 则为 True。
[3] 关键是看 x 的值,类似于取反的意思。

2.5.2 比较运算

Python 内置的比较运算有小于、大于、is、is not 等,见表 2-6。

Python 中一切皆对象,且 None 对象有且只有一个,所以经常用"is None"代替"==None"做对象是否为 None 对象的检查,使得代码的可读性更好。"is None"的运算规则见表 2-7。

表 2-6 比较运算

运算符	作用	示例	结果
<	小于	3<5	True
>	大于	3>5	False
<=	小于或等于	3<=4	True
>=	大于或等于	3>=3	True
==	等于	3==3	True
!=	不等于	1!=1	False
is	判断两个对象是否一致	x=5 y=x x is y	True
is not	判断两个对象是否不一致	x=5 y=x x is not y	False

表 2-7 is None 运算符用法示例

常规思维实现版	更加优雅的实现版
if args == None： 　print（"args is None"）	if args is None： 　print（"args is None"）

2.5.3　整数按位运算

在 Python 中，按位运算仅能作用于整数类型的变量。按位运算包括按位与（&）、按位或（|）、按位异或（^）、按位左移（<<）、按位右移（>>）和按位取反（~）。在执行按位运算的时候，需要先将其他进制的整数转换成二进制，按位运算见表 2-8。

表 2-8 按位运算

运算符	作用	示例	结果
x & y	x 和 y 按位与	9(0b1001)& 3(0b0011)	1
x | y	x 和 y 按位或	8(0b1000)| 3(0b0011)	11
x ^ y	x 和 y 按位异或	8(0b1000)^ 4(0b0100)	12
x << n	x 按位向左移动 n 位	2(0b0010)<< 4	32
x >> n	x 按位向右移动 n 位	8(0b1000)>> 2	2
~ x	x 按位取反	~60	−61

（1）按位与　对两个操作数进行逐位比较，如果相应位都为 1 则结果为 1，否则为 0。例如，9&3，先将 9 转换成二进制数 00001001，3 转换成二进制数 00000011，按位与的结果就是 00000001，运算过程如图 2-11 所示。

（2）按位或　对两个操作数进行逐位比较，只要有任意一位为 1 就将结果设置为 1，例如，8|3=11，运算过程如图 2-12 所示。

（3）按位异或　对两个操作数进行逐位比较，如果对应位数值不同，则结果为 1，相同

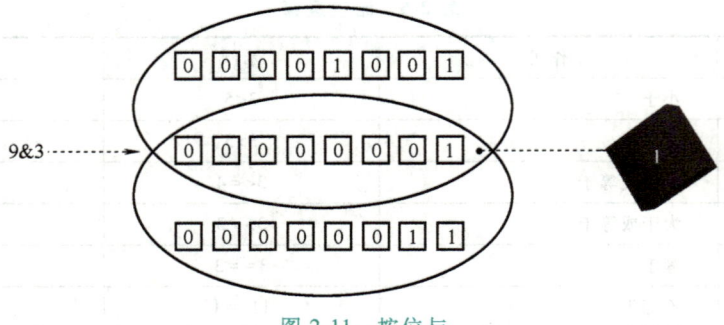

图 2-11　按位与

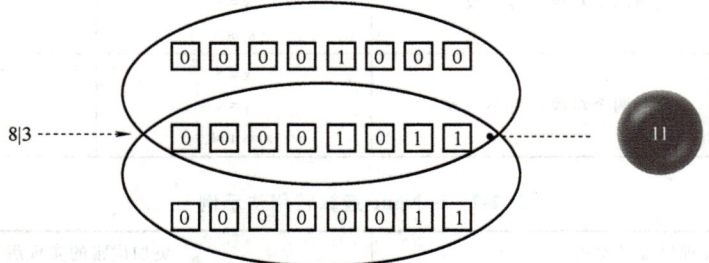

图 2-12　按位或

则结果为 0，例如，8^4 = 12，运算过程如图 2-13 所示。

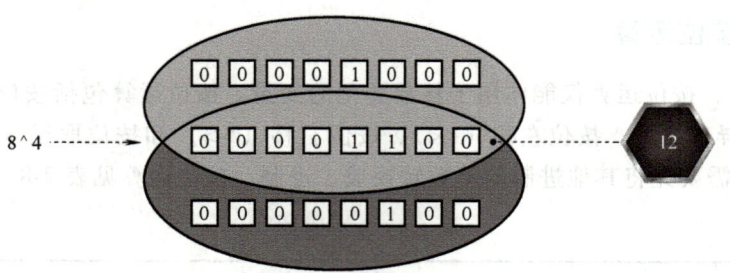

图 2-13　按位异或

（4）按位向左移动　将操作数向左移动指定的位数，并在低位上用 0 填充空白位。例如，a = 2，用二进制表示为 00000010，执行 a<<4 运算，所有的数向左移 4 位，结果为 00100000，运算结果 a = 32。

（5）按位向右移动　将操作数向右移动指定的位数，并根据最高位的值来确定正负号。例如，a = 8，二进制表示为 00001000，执行 a>>2 运算，所有的数向右移 2 位，结果为 00000010，运算结果 a = 2。

（6）按位取反　对操作数每个位取反，即 0 变成 1，1 变成 0。例如，运算 ~60，先将 60 转换为二进制数 00111100，使用 ~ 运算符，得到的结果是所有位的反转。对于 00111100，反转后变为 11000011。在 Python 中，由于整数是使用补码形式存储的，按位取反后通常还需要加 1 来得到正确的负数值表示。这是因为按位取反实际上是将正数的补码变成了负数的补码，而直接使用 ~ 运算符的结果是补码的反转，但不是最终的负数表示，如果要得到最终的负数表示，通常还需要对结果加 1。运算过程如图 2-14 所示。

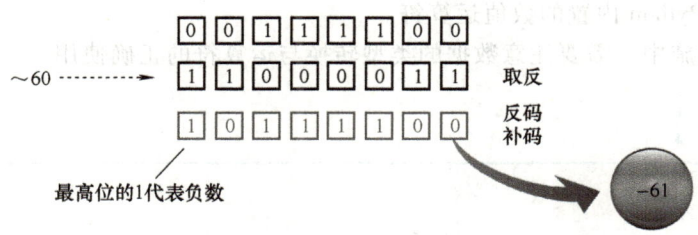

图 2-14 按位取反

【项目实施】

这个项目需要通过键盘输入得到每位同学的身高和体重,由于 input() 函数得到的是字符串类型的数据,因此还需要进行类型转换,转为 float 类型的数据,然后通过 BMI 的计算公式进行计算得到 BMI 的结果,最后通过输出函数在屏幕上显示 BMI 值。

1. 项目代码

```
height = float(input("请输入您的身高(米):"))
weight = float(input("请输入您的体重(千克):"))
BMI = weight /(height * height)    # 计算 BMI
print("您的 BMI 值为:",BMI)
```

2. 自我评价

大家可以先自行编写计算身体质量指数(BMI)的程序,然后进行调试,再对照项目代码,完成自我评价,见表 2-9。

表 2-9 自我评价表

评价要素	评价标准	评价分值	自我评价得分
input() 函数的使用	input() 函数对话框显示是否正确	25	
float 类型转换	有没有进行 float 类型转换	25	
BMI 的计算	公式使用是否正确	25	
结果输出	结果显示是否标准和正确	25	

【项目总结】

本项目是身体质量指数 BMI 的计算。在项目实施过程中,学习了以下知识与技能:

1)理解了 Python 中的变量,掌握了如何创建一个变量。

2)熟悉了如何定义标识符,如变量、关键字、函数、类、模块、对象等。

3)了解了 Python 程序代码块的构成,即代码块由 Python 语句组成,每个模块、每个函数、每个类、每个文件等都是一个代码。

4)熟悉了 Python 的 4 种内置数值类型,即整数类型、浮点数类型、布尔类型及复数类型。

5）熟练使用 Python 内置的数值运算符。

在本项目的实施中，需要注意数据的类型转换与运算符的正确使用。

【思考与练习】

1. 判断题

1）已知 x = 3，那么赋值语句 x = 'abcedfg' 是无法正常执行的。（　　）

2）Python 不允许使用关键字作为变量名，允许使用内置函数名作为变量名，但这会改变函数名的含义。（　　）

3）在 Python 中可以使用 if 作为变量名。（　　）

4）在 Python 3.X 中可以使用中文作为变量名。（　　）

5）Python 变量名必须以字母或下画线开头，并且区分字母大小写。（　　）

6）加法运算符可以用来连接字符串并生成新字符串。（　　）

7）9999**9999 这样的命令在 Python 中无法运行。（　　）

8）3+4j 不是合法的 Python 表达式。（　　）

9）Python 使用缩进来体现代码之间的逻辑关系。（　　）

10）Python 代码的注释只有一种方式，那就是使用"#"符号。（　　）

2. 单选题

1）Python 表达式"a = b"中"="表示（　　）。

A. 交换"="左右两边变量的值

B. 把"="右边变量的值赋值给左边变量

C. 把"="左边变量的值赋值给右边变量

D. 比较"="左右两边变量的值是否相等

2）为了提高程序的可读性，可以在语句后面添加注释语句，Python 程序中用作注释的标识符是（　　）。

A. ：　　　　　　B. #　　　　　　C. ，　　　　　　D. ！

3）下列 Python 表达式中，能正确表示不等式方程 |x| >1 解的是（　　）。

A. x>1 or x<-1　　B. x>-1 or x<1　　C. x>1 and x<-1　　D. x>-1 and x<1

4）已知 x=2，语句 x*=x+1 执行后，x 的值是（　　）。

A. 2　　　　　　B. 3　　　　　　C. 5　　　　　　D. 6

5）下列选项中合法的标识符是（　　）。

A. _7a_b　　　　B. break　　　　C. _a $ b　　　　D. 7ab

6）下列标识符中合法的是（　　）。

A. i'm　　　　　B. _　　　　　　C. 3Q　　　　　　D. for

7）Python 不支持的数据类型有（　　）。

A. char　　　　　B. int　　　　　C. float　　　　　D. list

8）关于 Python 中的复数，下列说法错误的是（　　）。

A. 表示复数的语法形式是 a+bj　　　　B. 实部和虚部都必须是浮点数

C. 虚部必须加扩展名 j，且必须是小写　　D. 函数 abs( )可以求复数的模

项目 3　空气质量指数的计算

[知识目标]
1. 理解条件语句的使用场景。
2. 掌握条件语句的 3 种使用形式。
3. 理解 if 嵌套的语法格式。

[技能目标]
1. 熟练使用 if 语句、if…else 语句和 if…elif…else 语句 3 种形式的条件语句。
2. 学会使用 if 嵌套条件语句。

[素养目标]
1. 寻求学习的目的，具备初步的探索精神。
2. 培养精益求精的职业素养。
3. 树立保护环境的环保意识。

【项目描述】

空气质量指数（AQI）又称为空气污染指数，就是根据环境空气质量标准和各项污染物对人体健康、生态、环境的影响，将常规监测的几种空气污染物浓度简化为单一的概念性指数值形式。

如表 3-1 所示，空气污染指数的取值范围为 0~500，其中包括 0~50、51~100、101~150、151~200、201~300 和大于 300 共 6 个级别，分别对应空气质量指数级别一级~六级。一级，空气质量评估为优，对人体健康无影响；二级，空气质量评估为良，对人体健康无显著影响；三级，轻度污染，健康人群出现刺激症状；四级，中度污染，可能对健康人群有影响；五级，重度污染，健康人群普遍出现刺激症状；六级，严重污染，健康人群出现严重刺激症状。

表 3-1　空气质量指数表

空气质量指数	空气质量指数级别	空气质量指数类别及表示颜色		对健康影响情况	建议采取的措施
0~50	一级	优	绿色	空气质量令人满意,基本无空气污染	各类人群可正常活动
51~100	二级	良	黄色	空气质量可接受,但某些污染物可能对极少数异常敏感人群健康有较弱影响	极少数异常敏感人群应减少户外活动
101~150	三级	轻度污染	橙色	易感人群症状有轻度加剧,健康人群出现刺激症状	儿童、老年人及心脏病、呼吸系统疾病患者应减少长时间、高强度的户外锻炼

(续)

空气质量指数	空气质量指数级别	空气质量指数类别及表示颜色		对健康影响情况	建议采取的措施
151~200	四级	中度污染	红色	进一步加剧易感人群症状,可能对健康人群心脏、呼吸系统有影响	儿童、老年人及心脏病、呼吸系统疾病患者应避免长时间、高强度的户外锻炼,一般人群适量减少户外运动
201~300	五级	重度污染	紫色	心脏病和肺病患者症状显著加剧,运动耐受力降低,健康人群普遍出现症状	儿童、老年人和心脏病、肺病患者应停留在室内,停止户外运动,一般人群减少户外运动
>300	六级	严重污染	褐红色	健康人群运动耐受力降低,有明显强烈症状,提前出现某些疾病	儿童、老年人和病人应当留在室内,避免体力消耗,一般人群应避免户外活动

【项目分析】

这个程序可以通过 if…elif…else 的方式来完成。由于有多个判断条件,因此 elif 将会被使用多次。

【知识与技能储备】

要用 Python 来实现空气质量指数表,就需要掌握条件语句的语法规则,理解其执行流程。

3.1 条件语句

Python 条件语句是 Python 语言的重要组成部分之一,它能够帮助程序员根据条件来决定程序的执行路径。在 Python 中,有 3 种基本的条件语句:if 语句、if…else 语句和 if…elif…else 语句。对于只有一个条件需要判断的情况,可以使用 if 语句;对于有两个条件需要判断的情况,可以使用 if…else 语句;对于有多个条件需要判断的情况,可以使用 if…elif…else 语句。

其中,elif 是 Python 中的一个关键字,它是 else if 的缩写。elif 用于在一个 if 语句后面添加多个条件,当第一个条件不满足时,会依次判断后面的条件,直到找到一个条件为真,然后执行相应的代码块。

elif 通常与 if 语句和 else 语句一起使用,组成 if…elif…else 结构,用于处理多种情况。

3.1.1 条件语句的 3 种形式

条件语句有 3 种实现形式,如表 3-2 所示。

表 3-2 条件语句的 3 种实现形式

类型	if 语句	if…else 语句	if…elif…else 语句
语法	if 条件表达式： 　语句块	if 条件表达式： 　语句块 1 else： 　语句块 2	if 条件表达式 1： 　语句块 1 elif 条件表达式 2： 　语句块 2 else： 　语句块 3

3.1.2　if 语句

　　if 语句是最简单的条件语句,该语句由关键字 if、条件表达式、冒号和语句块组成。if 语句和从属于该语句的语句块可组成选择结构,其语法格式如下。

```
if 条件表达式：
    语句块
```

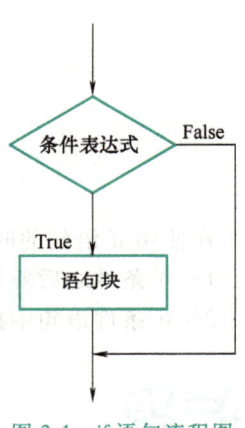

图 3-1　if 语句流程图

　　以上格式中的 if 关键字和冒号分别标识 if 语句的起始和结束,条件表达式与 if 关键字以空格分隔,代码段通过缩进与 if 语句产生关联。执行 if 语句时,若 if 语句的条件表达式成立(布尔值为 True),则执行之后的代码段;若 if 语句的条件表达式不成立(布尔值为 False),则跳出选择结构,继续向下执行,流程图如图 3-1 所示。

　　参照表 3-1 的空气质量指数表,当某一个城市的 AQI 为 13 时,该城市的空气质量指数为一级。可以使用 if 语句来实现,代码如下：

```
AQI = 13              # 设定空气质量指数为 13
if  AQI <= 50 :       # 判断 AQI 是否小于或等于 50
  print("空气质量指数级别为一级")
```

运行结果：

空气质量指数级别为一级

如果 AQI 为 52 呢？if 语句的代码如下：

```
AQI = 52              # 设定空气质量指数为 52
if  AQI <= 50 :       # 判断 AQI 是否小于或等于 50
  print("空气质量指数级别为一级")
```

运行结果：

　　可以发现,上述程序没有显示结果,其原因是当 AQI=52,并不满足 AQI<=50 的条件,当然也就不执行后面的 print() 函数了。

　　上述两个程序的执行过程如图 3-2 所示。

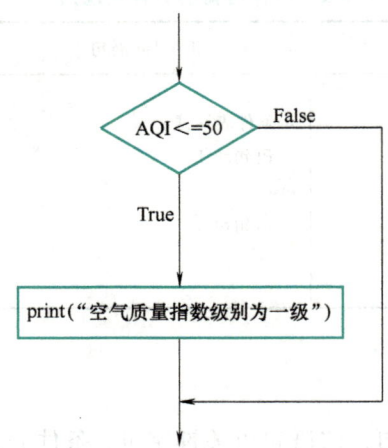

图 3-2　当 AQI<=50 时的 if 语句流程图

在使用 if 语句的时候，要注意以下两个事项。
1) if 条件之后要使用冒号 ":"，表示接下来是满足条件之后要执行的语句块。
2) if 条件语句中执行的代码块可以是多行，用缩进来表示同一范围。

下面这两个程序有什么区别？
1) 程序 1：

```
AQI = 13              # 空气质量指数为 13
if  AQI <= 50 :       # 判断 AQI 是否小于或等于 50
   print("空气质量指数级别为一级")
   print("空气质量指数类别为优")
```

2) 程序 2：

```
AQI = 13              # 空气质量指数为 13
if  AQI <= 50 :       # 判断 AQI 是否小于或等于 50
   print("空气质量指数级别为一级")
print("空气质量指数类别为优")
```

绘制出程序流程图，程序 1 的流程图如图 3-3 所示。在程序 1 中，两行 print() 函数均在满足 AQI <= 50 条件后执行的语句块中，因此当条件满足时，两行 print() 函数均被执行；当条件不满足时，均得不到执行。

而在程序 2 中，print("空气质量指数级别为一级") 是在满足 AQI<=50 条件时才执行的语句块，而 print("空气质量指数类别为优") 为与 if 并列的语句，因此无论 AQI<=50 这个条件是否满足，print("空气质量指数类别为优") 均会得到执行，程序 2 的流程图如图 3-4 所示。

项目3 空气质量指数的计算

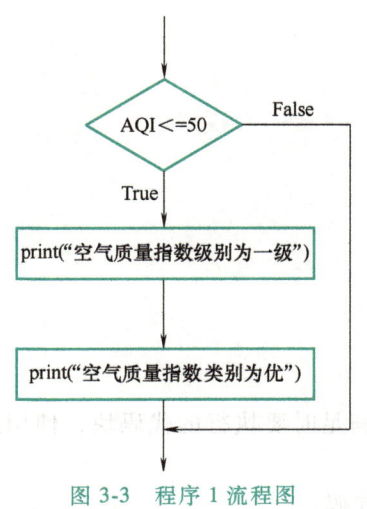

图3-3 程序1流程图

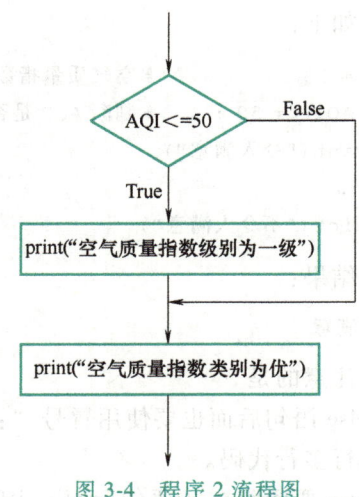

图3-4 程序2流程图

3.1.3 if…else 语句

根据 Python 的判断规则，当条件成立时，执行 if 后面的代码块；当条件不成立时，执行另外的代码块。在这种情况下怎么办呢？可以使用 if…else 语句。

if…else 语句产生两个分支，可根据条件表达式的判断结果选择执行哪一个分支。if…else 语句的语法格式如下：

```
if 条件表达式:
    语句块 1
else:
    语句块 2
```

如果条件表达式结果为 True，则执行语句块 1；如果条件表达式结果为 False，则执行语句块 2。

if-else 语句执行流程如图 3-5 所示。

回到前面的空气质量指数程序，当空气质量指数在 0~50 之间时，认为空气质量令人满意，而指数超过 50 则认为空气质量不令人满意，那么这个程序如何写呢？

在这个案例中，需要判断一个条件，即空气质量指数（AQI）是否小于或等于 50。当条件成立时，显示"令人满意"；当条件不成立时，则显示"不令人满意"。程序流程图如图 3-6 所示。

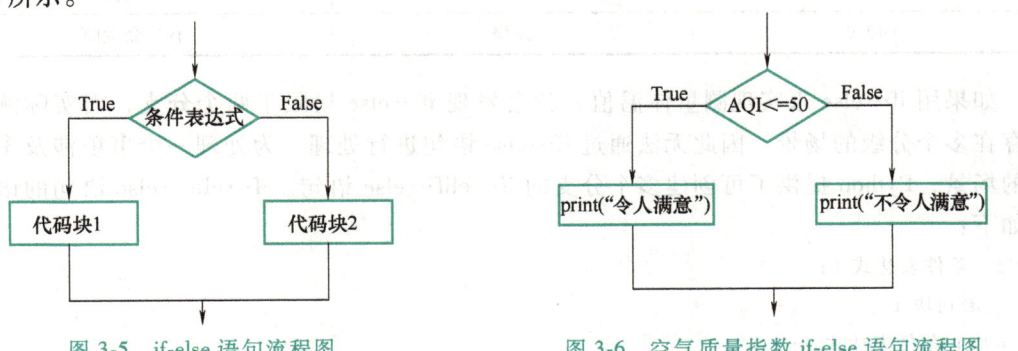

图3-5 if-else 语句流程图　　　　　图3-6 空气质量指数 if-else 语句流程图

代码如下：

```
AQI = 13              # 空气质量指数为 13
if  AQI <= 50 :       # 判断 AQI 是否小于或等于 50
    print("令人满意")
else:
    print("不令人满意")
```

运行结果：

令人满意

需要注意的是

1) else 语句后面也要使用冒号 "："，表示条件不满足时要执行的代码块，使用缩进表示需要执行多行代码。

2) else 要紧跟在 if 语句后面，中间不能执行其他代码。

3.1.4　if…elif…else 语句

if…elif…else 语句

人体内部的温度称体温。保持恒定的体温，是保证新陈代谢和生命活动正常进行的必要条件。体温是物质代谢转化为热能的产物。

正常体温不是一个具体的温度点，而是一个温度范围。机体深部的体温较为恒定和均匀，称为深部温度；而体表的温度受多种因素影响，变化和差异较大，称为表层温度。临床上所指的体温是指深部温度。

如表 3-3 所示，人体正常体温平均在 36.0~37.0℃ 之间（腋窝），超出 37.3℃ 就是发热，37.3~38.0℃ 是低烧，38.1~40.0℃ 是高烧，40.0℃ 以上随时有生命危险。

表 3-3　人体体温信息

测量体温值/℃	提示	警示
<34.7	低温	请就医
34.7~35.9	偏低	注意观察
36.0~37.0	正常	
37.1~37.2	偏高	注意观察
37.3~38.0	低烧	请就医
38.1~40.0	高烧	请就医
>40.0	高烧	有生命危险

如果用 if…else 来实现测量体温值，就会发现 if…else 局限于两个分支，而实际测量体温存在多个分级的场景，因此无法通过 if…else 语句进行处理。为处理一个事项涉及多种情况的场景，Python 提供了可创建多个分支的 if…elif…else 语句。if…elif…else 语句的语法格式如下：

```
if 条件表达式 1:
    语句块 1
elif 条件表达式 2:
```

语句块 2
elif 条件表达式 3：
　　语句块 3
　　...
elif 条件表达式 n-1：
　　语句块 n-1
else：
　　语句块 n

若条件表达式 1 的结果为 True，则执行代码块 1；若条件表达式 2 的结果为 True，则执行代码块 2……以此类推，若 else 前面的条件表达式结果都为 False，则执行代码块 n，具体执行过程如图 3-7 所示。

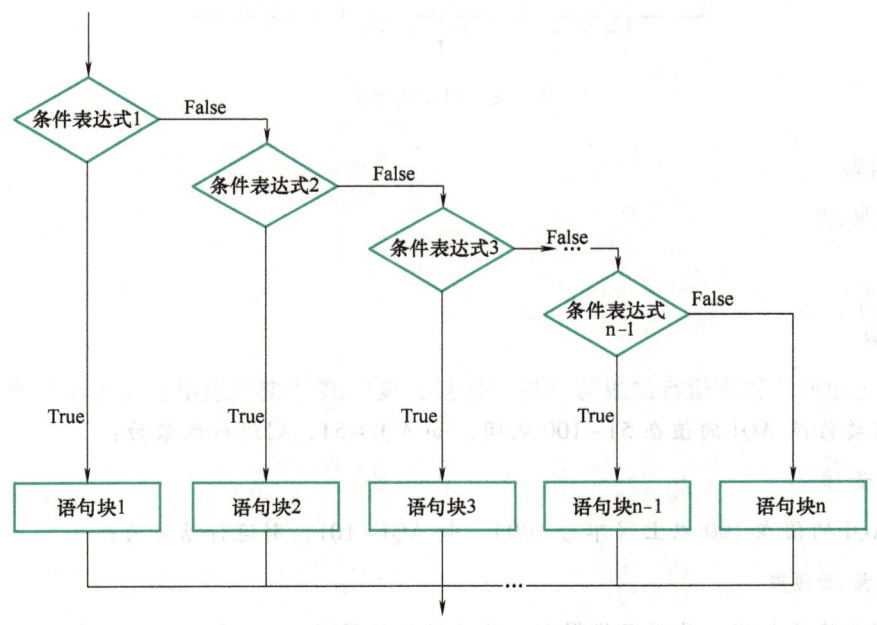

图 3-7　if…elif…else 语句流程图

在空气质量指数编程中，设定 AQI≤50，空气质量为优；AQI>50 且 AQI≤100，空气质量为良；AQI>100，空气质量为受污染。

这个案例看上去比较复杂，但仔细分析一下，与 if…elif…else 语句结构类似，先来梳理程序控制流程图，如图 3-8 所示。

代码如下。

```
AQI = 13              # 空气质量指数为13
if  AQI <= 50 :       # 判断AQI是否小于或等于50
    print("空气质量:优")
elif AQI <= 100 :     # 判断AQI是否小于或等于100
    print("空气质量:良")
else:
    print("空气质量:受污染")
```

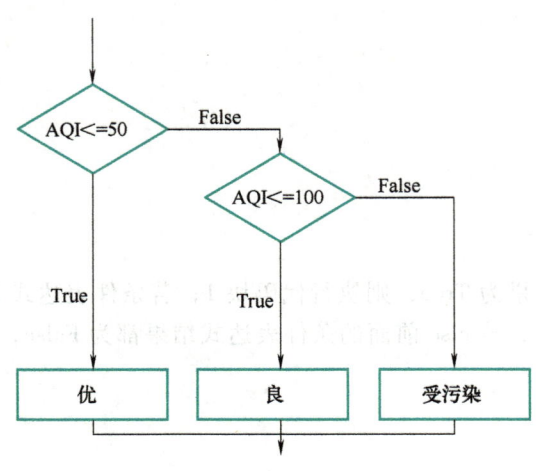

图 3-8 程序流程图

运行结果：

空气质量:优

那么如何让程序运行结果为"空气质量：良"或"空气质量：受污染"呢？

其实只要修改 AQI 的值在 51~100 之间，如 AQI=51，则运行结果为：

空气质量:良

修改 AQI 的值在 100 以上（不含 100），如 AQI=101，则运行结果为：

空气质量:受污染

假设程序修改如下，是否还能得到正确的运行结果呢？

```
AQI = 13                    # 空气质量指数为13
if AQI <= 300:              # 判断AQI是否小于或等于300
    print("空气质量:受污染")
elif AQI <= 100:            # 判断AQI是否小于或等于100
    print("空气质量:良")
elif AQI <= 50:             # 判断AQI是否小于或等于50
    print("空气质量:优")
```

运行结果：

空气质量:受污染

问题出在了条件表达式的放置顺序，AQI=13 已经满足了 if 中的 AQI<=300 条件，因此输出结果为"空气质量：受污染"，而后续的 elif 将不再执行。修改程序如下，就可以得到正确的结果：

```
AQI = 13                          # 空气质量指数为 13
if 100 < AQI <= 300:              # 判断 AQI 是否小于或等于 300
    print("空气质量:受污染")
elif 50 < AQI <= 100:             # 判断 AQI 是否小于或等于 100
    print("空气质量:良")
elif AQI <= 50:                   # 判断 AQI 是否小于或等于 50
    print("空气质量:优")
```

3.2 if 嵌套语句

在 Python 中，还有一种比较复杂的条件语句就是 if 嵌套，通过 if 嵌套可以实现程序中条件语句的嵌套逻辑。if 嵌套的语法格式如下：

```
if 条件表达式 1:
    语句块 1
    if 条件表达式 2:
        语句块 2
        ...
```

执行 if 嵌套时，若外层条件表达式 1 的值为 True，执行语句段 1，并对内层条件表达式 2 进行判断：若条件表达式 2 的值为 True，则执行语句段 2，否则跳出内层选择结构，顺序执行外层选择结构中内层选择结构之后的代码。若外层判断条件的值为 False，直接跳过条件语句，既不执行程序块 1，也不执行内层选择结构。if 嵌套的执行流程如图 3-9 所示。

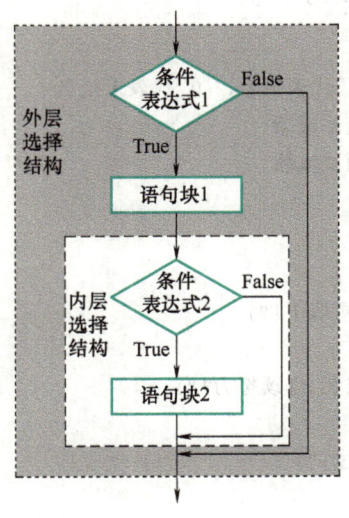

图 3-9 if 嵌套执行流程

假设，现在读者需要参加某一单位的招聘考试，首先需要通过报名获得应聘资格，报名成功以后，就需要参加笔试。笔试成绩在 60 分及以上，就要参加面试。若面试成绩在 60 分及以上，那么就被公司录取了。

在这个案例中，有 3 个条件语句，只要不满足其中任何一个，都说明未被录取，同时还要显示哪个条件没有满足。执行过程如图 3-10 所示。

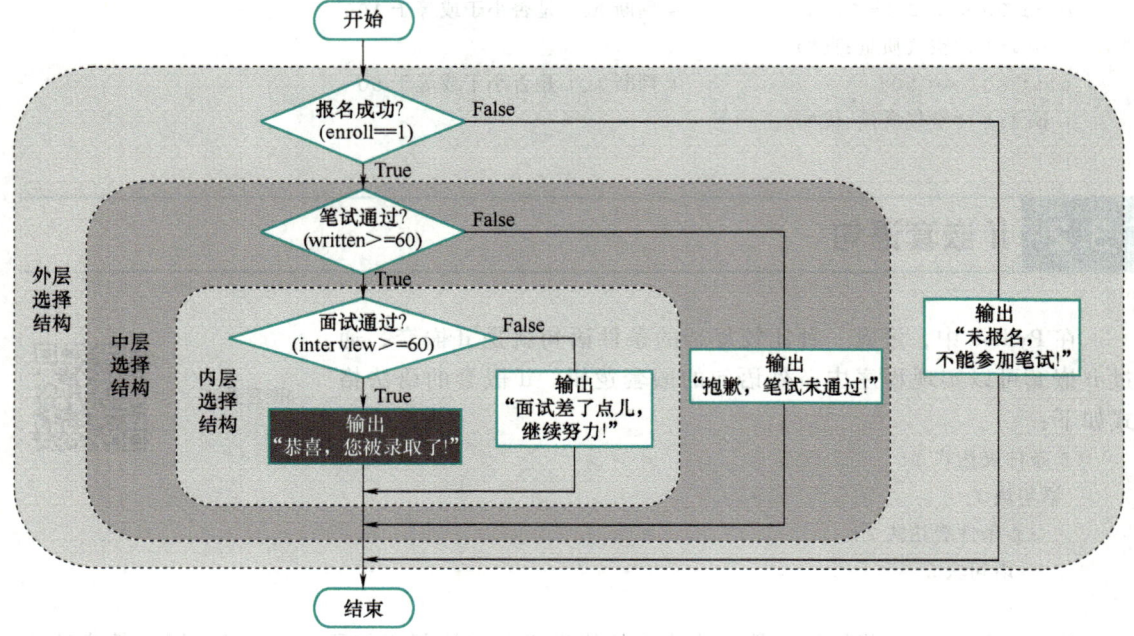

图 3-10　招聘考试流程图

这个场景中虽然涉及 3 个条件语句，但这 3 个条件并非选择关系，而是嵌套关系：先判断外层条件，条件满足后才去判断中层条件；中层条件满足后再去判断内层条件。3 层条件都满足时才输出"恭喜，您被录取了!"。

代码如下：

```
enroll =1                #"1"代表报名,"0"代表未报名
written =75              # 笔试成绩
interview =82            # 面试成绩
if enroll == 1 :
    if  written >= 60 :
        if  interview >= 60 :
            print("恭喜,您被录取了!")
        else :
            print("面试差了点儿,继续努力!")
    else :
        print("抱歉,笔试未通过!")
else :
    print("未报名,不能参加笔试!")
```

运行结果：

恭喜,您被录取了!

需要注意的是：
1）if 嵌套，只需要把内层选择结构看成一个整体，嵌套在外层选择结构中就可以。
2）在编程时，需要注意缩进问题，注意区分以下两个结构。

图3-11 所示为 if 嵌套与顺序结构对比情况。左边的流程图是 if 嵌套，当外层选择结构满足条件后，才会去执行内层选择结构。右边是两个选择结构的顺序执行，即执行完选择结构1再去执行选择结构2，即使选择结构1条件不满足，也会去执行选择结构2。

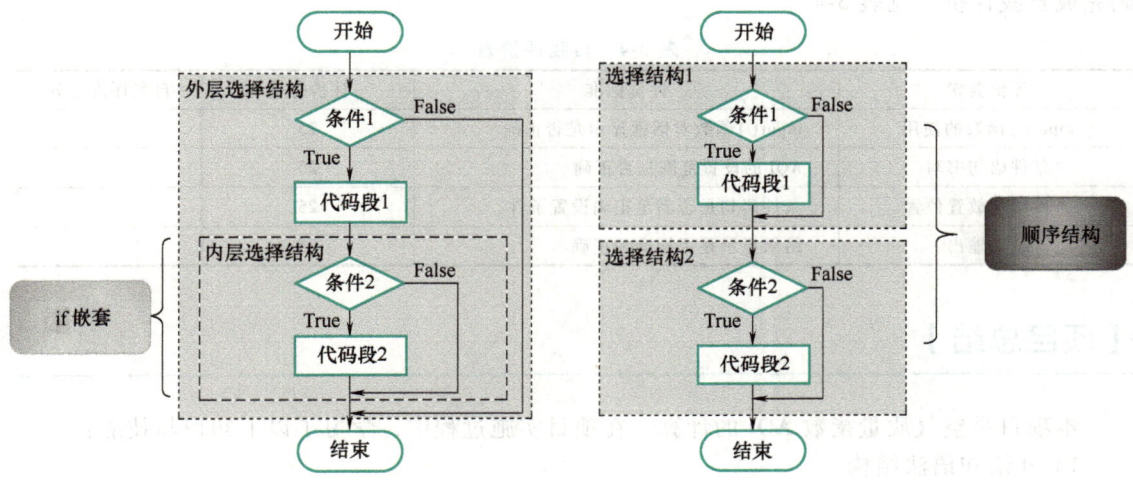

图 3-11 if 嵌套与顺序结构对比

【项目实施】

首先通过键盘输入的形式获取一个城市的 AQI 数据，AQI 在 0~50 之间，输出"空气质量指数级别：一级，优"；AQI 在 51~100 之间，输出"空气质量指数级别：二级，良"；AQI 在 101~150 之间，输出"空气质量指数级别：三级，轻度污染"；AQI 在 151~200 之间，输出"空气质量指数级别：四级，中度污染"；AQI 在 201~300 之间，输出"空气质量指数级别：五级，重度污染"；AQI 在 301 及以上，则输出"空气质量指数级别：六级，严重污染"。

1. 项目代码

```python
AQI = int(input("请输入空气质量指数值:"))      # 输入空气质量指数
if   AQI <= 50 :                              # 判断 AQI 是否小于或等于 50
    print("空气质量指数级别:一级,优 ")
elif  AQI <= 100 :                            # 判断 AQI 是否小于或等于 100
    print("空气质量指数级别:二级,良")
elif  AQI <= 150 :                            # 判断 AQI 是否小于或等于 150
    print("空气质量指数级别:三级,轻度污染")
elif  AQI <= 200 :                            # 判断 AQI 是否小于或等于 200
    print("空气质量指数级别:四级,中度污染")
```

```
elif  AQI <= 300 :                                    # 判断AQI是否小于或等于300
    print("空气质量指数级别:五级,重度污染")
else :
    print("空气质量指数级别:六级,严重污染")
```

2. 自我评价

大家可以先自行编写计算空气质量指数（AQI）的程序，然后进行调试，再对照项目代码完成自我评价，见表3-4。

表3-4 自我评价表

评价要素	评价标准	评价分值	自我评价得分
input()函数的使用	input()函数对话框显示是否正确	25	
条件语句书写	AQI的设置范围是否正确	25	
条件语句放置位置	条件语句是否满足正确设置条件	25	
结果输出	结果显示是否标准和正确	25	

【项目总结】

本项目是空气质量指数AQI的计算。在项目实施过程中，学习了以下知识与技能：
1）if语句语法结构。
2）if…else语句的语法结构与if语句的不同使用场景。
3）if…elif…else语句的语法结构与if…else语句的区别。
4）if语句、if…else语句及if…elif…else语句的正确使用方法。

此外，还通过招聘考试的案例，掌握了if嵌套的使用，尤其要注意if嵌套与顺序结构是不一样的。

在本项目的实施中，需要注意数据选择条件的书写与放置位置。

【思考与练习】

1. 单选题

1）以下关于Python的控制结构，错误的是（   ）。
A. 每个if条件后都要使用冒号":"
B. 在Python中，没有switch…case语句
C. Python中的pass是空语句，一般用作占位语句
D. elif可以单独使用

2）下列程序的运行结果是什么（   ）。

```
i = 2
a = 5
if i == 2 :
    a += 1
else :
```

```
a+=2
print(a)
```
A. 6　　　　　　B. 5　　　　　　C. 2　　　　　　D. 1

3）下面有关 Python 语言中 if 语句的描述，错误的是（　　）。

A. if 语句可以实现单分支、双分支及多分支选择结构

B. 若 if 语句嵌套在 else 子句中，可以简写为 elif 子句

C. 满足 if 后的条件时执行的多条语句需用花括号括起来

D. if 条件之后、else 之后都需要带冒号

4）下面（　　）语句的写法是正确的。

A. if s=4　　　　B. if s=4：　　　　C. if s==4　　　　D. if s==4：

5）以下哪一项 if 语句能够判断 y 是否在 10~50（包含 10 和 50）范围内？（　　）

A. if 10<y or y>50：

B. if 10<y or y>50：

C. if y>=10 and y<=50：

D. if y>=10 or y<=50：

2. 程序设计题

1）通过 input( ) 函数，输入任意三条边的边长，然后判断是否能组成一个三角形。判断条件是任意两边的边长之和大于第三条边。

2）设计一个密码登录程序。

要求设定用户名为 hky，密码为 123456，然后通过两个 input( ) 函数输入用户名和密码。如果用户名正确，密码也正确，显示"欢迎您：hky"；如果用户名错误，则显示"用户名错误，请重新输入！"；如果密码错误，则显示"对不起，密码错误，无法登录！"。

3）从键盘输入一个表示年份的正整数，输出此年份是平年还是闰年。判断是平年或闰年的规则如下：如果能被 400 整除则为闰年；否则，如果能被 100 整除则为平年；若不能被 100 整除但能被 4 整除，则为闰年；其余年份为平年。

项目4　百鸡问题的解决

[知识目标]
1. 了解循环结构的特点。
2. 掌握 for 循环、while 循环两种结构的语法。
3. 理解循环嵌套的语法。
4. 了解 break 与 continue 两种跳转语句的区别。

[技能目标]
1. 掌握 for 循环、while 循环两种结构的使用场景与使用方法。
2. 理解跳转语句的使用方法。

[素养目标]
1. 寻求学习的目的，具备初步的探索精神。
2. 善于寻找资料拓宽自己的视野。
3. 了解中国优秀文化，培养自身人文素质。

【项目描述】

张丘建，北魏清河（今河北邢台市清河县）人，是公元 5 世纪著名的大数学家。《张丘建算经》成书于公元 466 年到公元 485 年之间，现传本有 92 个问题，如图 4-1 所示。该书在最大公约数与最小公倍数的计算、不定方程的求解及等差数列相关问题的求解等方面，具有独到的见解。百鸡问题是《张丘建算经》中的最后一题，"鸡翁一，值钱五；鸡母一，值钱三；鸡雏三，值钱一。凡百钱，买鸡百只，问鸡翁、母、雏各几何？"用现在的语言表述就是：公鸡 5 元 1 只，母鸡 3 元 1 只，小鸡 1 元 3 只。用 100 元钱买 100 只鸡，问公鸡、母鸡、小鸡各买多少只？

 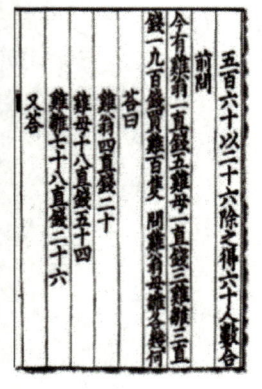

图 4-1　《张丘建算经》

项目4 百鸡问题的解决

【项目分析】

公鸡 5 元 1 只,母鸡 3 元 1 只,小鸡 1 元 3 只。用 100 元钱买 100 只鸡,问公鸡、母鸡、小鸡各买多少只?假设公鸡、母鸡、小鸡的数量分别用 x、y、z 来代表,则:

$$\begin{cases} 5x+3y+z/3 = 100 \\ x+y+z = 100 \end{cases}$$

【知识与技能储备】

那么如何用 Python 程序来得到本题答案呢?首先要掌握和理解本章的知识点和技能点,奠定良好的编程基础。

4.1 循环结构

在现实生活中有很多循环的场景,例如,地球一直围着太阳旋转(见图 4-2);月球始终围绕地球旋转。每年都会经历四季的更替;每天都是从白天到黑夜的过程。

循环结构,是结构化程序设计中很重要的结构,它与顺序结构、选择结构一样,都是各种复杂程序的基本结构。

循环结构的特点是在给定条件成立的情况下,反复执行某程序段,直到条件不成立为止。给定的条件称为循环条件,反复执行的程序段称为循环体,执行过程如图 4-3 所示。

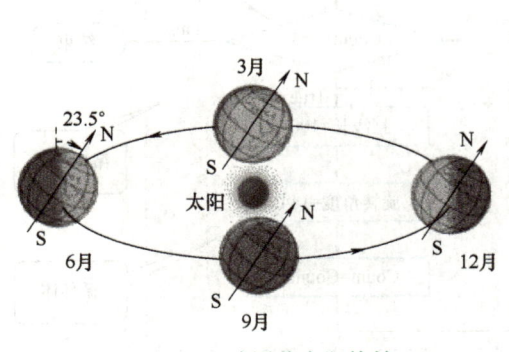

图 4-2 地球围着太阳旋转

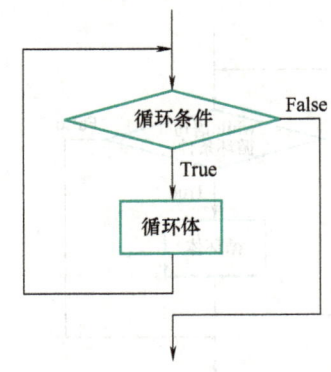

图 4-3 循环结构流程图

Python 编程中,while 语句和 for 语句都是用于循环执行程序的语句。

4.2 while 循环语句

while语句

while 语句一般用于实现条件循环,该语句由 while 关键字、循环条件和冒号组成。while 语句和从属于该语句的代码块组成循环结构，其语法格式如下：

　　while　条件表达式：
　　　　代码块

以上格式中的 while 关键字和冒号分别标识 while 语句的起始和结束，循环条件与 while 关键字以空格分隔，代码块通过缩进与 while 语句产生关联。执行 while 语句时，若循环条件的值为 True，则执行循环中的代码块，执行完代码段后再次判断循环条件，如此往复，直至循环条件的值为 False 时循环终止，执行循环之后的代码。while 语句的执行流程如图 4-4 所示。

while 循环，一般包含 3 个部分：
1）循环变量的初始值。
2）循环条件的设置。
3）循环体。

在编写代码时需要注意，循环体中一定要包含循环变量的变化，也就是说，需要设置条件表达式不成立的情况，否则循环体会一直执行下去。

接下来一起来绘制一个五角星，画 5 次直线并旋转 5 次，相当于同样的动作被执行了 5 次，可以考虑用循环结构来实现，绘制 1 条直线后，旋转 144°，再绘制第 2 条线，再旋转 144°，再绘制第 3 条线……这样循环 5 次，一个五角星就完成了，执行过程如图 4-5 所示。

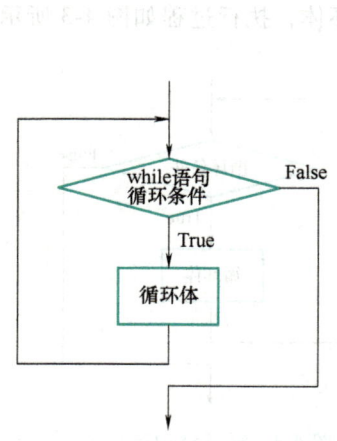

图 4-4　while 语句的执行流程

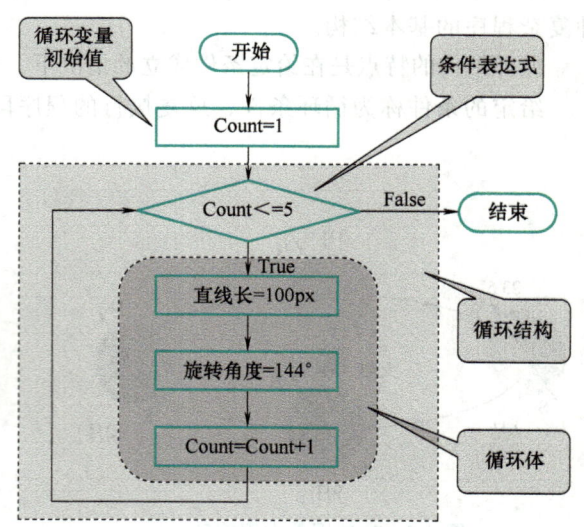

图 4-5　while 语句绘制五角星流程图

代码如下：

```
import turtle as t          #导入turtle库,重命名为t
Count = 1                   #为Count赋初值1
while Count <= 5:           #判断Count是否小于或等于5
    t.forward(100)          #向前画直线
    t.right(144)            #向右转144°
    Count = Count + 1
```

4.3 for 循环语句

for 语句一般用于实现遍历循环。遍历是指逐一访问目标对象中的数据，例如，逐个访问字符串中的字符；遍历循环是指在循环中完成对目标对象的遍历。for 语句的语法格式如下：

for循环语句

for 临时变量 in 目标变量：
   代码块

例如，执行下列代码：

```
for letter in "一起向未来":
    print("当前字母:", letter)
```

运行结果：

```
当前字母：一
当前字母：起
当前字母：向
当前字母：未
当前字母：来
```

如果想要更方便地控制 for 循环，Python 提供了一个内置 range() 函数，range() 函数的格式为：

```
range(start,stop[,step])
```

参数说明如下。

start：计数从 start 开始，默认是从 0 开始。例如，range(5)等价于range(0,5)。
stop：计数到 stop 结束，但不包括 stop。例如，range(0,5)是[0,1,2,3,4]，没有 5。
step：步长，默认为 1。例如，range(0,5)等价于 range(0,5,1)。
range() 函数可以生成一个数字序列。
在 for 循环中使用的格式如下：

```
for i in range(n):
    代码块
```

示例代码如下：

```
for i in range(3):
    print("中国加油!")
```

运行结果：

```
中国加油!
中国加油!
中国加油!
```

如果使用 for 语句绘制一个五角星，流程图如图 4-6 所示。

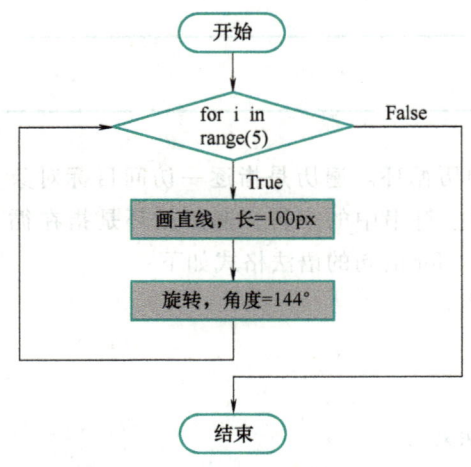

图 4-6 for 语句绘制五角星流程图

代码如下。

```
import turtle as t              # 导入 turtle 库
for i in range(5):              # 循环 5 次
    t.forward(100)              # 向前走 100px
    t.right(144)                # 向右转 144°
```

4.4 循环的嵌套

循环之间可以互相嵌套,进而实现更为复杂的逻辑,循环嵌套的流程图如图 4-7 所示。按不同的循环语句可以划分为 while 循环嵌套和 for 循环嵌套。

Python 不仅支持 if 语句相互嵌套,while 和 for 循环结构也支持嵌套。所谓嵌套(Nest),就是一条语句里面还有另一条语句。

以下 3 种形式都是允许的。

1)for 中有 for。
2)while 中有 while。
3)while 中有 for 或 for 中有 while。

当 2 个(甚至多个)循环结构相互嵌套时,位于外层的循环结构常简称为外层循环或外循环,位于内层的循环结构常简称为内层循环或内循环。

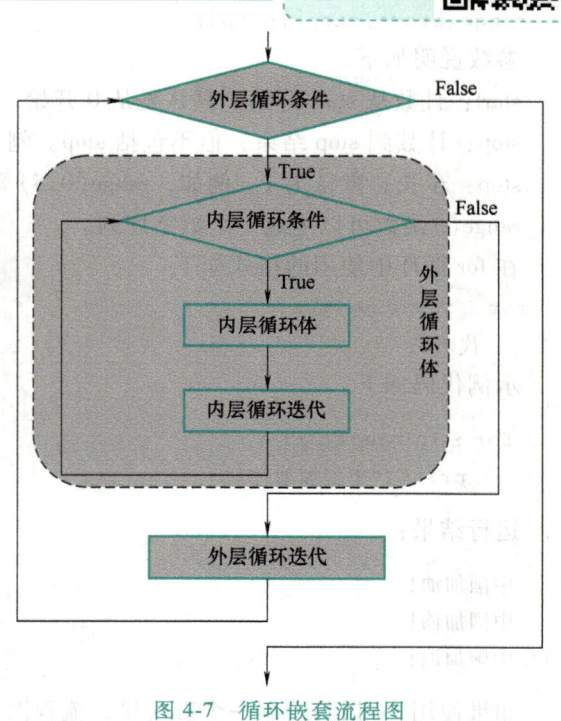

图 4-7 循环嵌套流程图

循环嵌套结构的代码,Python 解释器执行的流程为:
1)当外层循环条件为 True 时,执行外层循环结构中的循环体。
2)外层循环体中包含了普通程序和内层循环,当内层循环的循环条件为 True 时,会执行此循环中的循环体,直到内层循环条件为 False,跳出内循环。
3)如果此时外层循环的条件仍为 True,则返回第 2 步,继续执行外层循环体,直到外层循环的循环条件为 False。
4)内层循环的循环条件为 False,且外层循环的循环条件也为 False,则整个嵌套循环才算执行完毕。

4.4.1 while 循环嵌套

while 循环嵌套是指 while 语句中嵌套 while 或 for 语句。以 while 语句中嵌套 while 语句为例,while 循环嵌套的语法格式如下。
```
while  循环条件 1:
    代码块 1
    while  循环条件 2:
        代码块 2
        ...
```
while 循环嵌套的具体案例如图 4-8 所示。

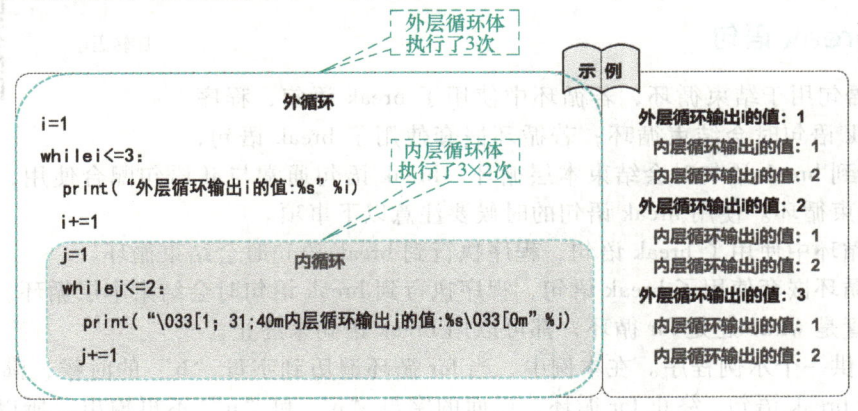

图 4-8 while 循环嵌套分析

4.4.2 for 循环嵌套

for 循环嵌套是指 for 语句中嵌套了 while 或 for 语句。以 for 语句中嵌套 for 语句为例,for 循环嵌套的语法格式如下。
```
for  临时变量 1  in  目标变量 1:
    代码块 1
    for  临时变量 2  in  目标变量 2:
        代码块 2
        ...
```
执行 for 循环嵌套时,程序首先会访问外层循环中目标对象的首个元素、执行代码段 1、访问内层循环目标对象的首个元素、执行代码段 2,然后访问内层循环中的下一个元素、执行代码段 2，如此往复，直至访问完内层循环的目标对象后结束内层循环，转而继续访问外层循环中的下一个元素，访问完外层循环的目标对象后结束外层循环。因此，外层循环每执行一次，都会执行一轮内层循环。

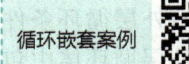
循环嵌套案例

下面使用 for 循环嵌套打印一个乘法口诀表，示例代码如下：

```
for m in range(1,10) :
    s = " "
    for n in range(1,m+ 1) :
        s += str.format("{0}* {1}={2}\t",m,n,m* n)
    print(s)
```

4.5 跳转语句

循环语句在条件满足的情况下会一直执行，但在某些情况下需要跳出循环，例如，实现音乐播放器循环模式的切歌功能等。Python 提供了控制循环的跳转语句：break 和 continue。下面将对跳转语句进行详细讲解。

4.5.1 break 语句

break 语句用于结束循环，若循环中使用了 break 语句，程序执行到 break 语句时会结束循环；若循环嵌套使用了 break 语句，程序在执行到 break 语句时会结束本层循环。break 语句通常与 if 语句配合使用，以便在条件满足时结束循环。使用 break 语句的时候要注意以下事项。

1）若循环中使用了 break 语句，程序执行到 break 语句时会结束循环。
2）若循环嵌套使用了 break 语句，程序执行到 break 语句时会结束本层循环。
3）不管是 while 还是 for 循环，都可以用 break 语句来终止。

下面提供一个示例程序。在本例中，当 for 循环遍历到字母"h"的时候，满足 if 判断条件，执行 break 语句，终止 for 循环，后面的字母"o"和"n"不再输出，所以可以在循环语句中使用 break 语句跳出整个循环。

```
for a in 'I love Python':
    if   a == 'h':
        break
    print('当前字母 :', a)
```

运行结果：

```
当前字母 : I
当前字母 :
当前字母 : l
当前字母 : o
当前字母 : v
当前字母 : e
```

```
当前字母：
当前字母：P
当前字母：y
当前字母：t
```

4.5.2 continue 语句

continue 语句用于在满足条件的情况下跳出本次循环，该语句通常也与 if 语句配合使用。例如，当使用 for 循环遍历到字母"h"的时候，满足 if 判断条件，执行 continue 语句，跳出本次循环，继续执行下一次循环，所以字母"h"没有被输出，而后面的字母"o"和"n"都能被输出，这和 break 语句是不一样的。

具体代码如下：

```
for a in 'I love Python':
    if  a == 'h':
        continue
    print ('当前字母:', a)
```

运行结果：

```
当前字母：I
当前字母：
当前字母：l
当前字母：o
当前字母：v
当前字母：e
当前字母：
当前字母：P
当前字母：y
当前字母：t
当前字母：o
当前字母：n
```

需要注意的是：break 语句、continue 语句只能用在循环语句中，不能单独使用；break 语句、continue 语句用在嵌套循环语句中时，只对最近的一层循环起作用。

【项目实施】

在设计程序的时候，可以采用循环结构，即公鸡的数量为 0～20 只（100 元全部买公鸡），母鸡的数量为 0～33 只（100 元全部买母鸡），那么小鸡的数量就是 100-公鸡数量-母鸡数量，当公鸡的总价+母鸡的总价+小鸡的总价=100 时，将公鸡、母鸡、小鸡的数量输出即可。由于大家初步尝试编写 Python 程序，因此只要能理解代码就可以了，需要注意的是，Python 讲究缩进，同样的缩进代表同一代码块。

1. 项目代码

```
# 本程序是用 Python 解决《张丘建算经》中的百鸡问题
# x 代表的是公鸡数量,y 代表的是母鸡数量,z 代表的是小鸡数量
# 当公鸡、母鸡、小鸡的数量达到 100 只,以及它们的总价是 100 元的时候,把结果输出
x = 0
while x <= 20:
    y = 0
    while y <= 33:
        z = 100 - x - y
        if (x * 5 + y * 3 + z / 3) == 100:
            print(x, y, z)
        y += 1
    x += 1
```

运行结果：

```
0  25  75
4  18  78
8  11  81
12  4  84
```

2. 自我评价

大家可以先自行编写计算百钱白鸡问题的程序，然后进行调试，再对照项目代码，完成自我评价，见表 4-1。

表 4-1　自我评价表

评价要素	评价标准	评价分值	自我评价得分
变量的赋值	3 个变量的赋值是否正确	20	
循环语句的实现	x、y 在循环中的控制是否正确	20	
判断语句的实现	计算公式是否正确	20	
语句的缩进	缩进是否正确	20	
结果输出	结果显示是否正确	20	

【项目总结】

for 循环用于迭代序列，如列表、元组、字典、集合或字符串。这与其他编程语言中的 for 关键字不太相似，而是更像其他面向对象编程语言中的迭代器方法。

通过使用 for 循环，可以为列表、元组、集合中的每个项目执行一组语句。

Python 中，while 循环和 if 条件分支语句类似，即在条件（表达式）为真的情况下，会执行相应的代码块。不同之处在于，只要条件为真，while 就会一直重复执行那段代码块。

嵌套循环就是一个外循环的主体部分包含一个内循环。内循环或外循环可以是任何类型，如 while 循环或 for 循环。例如，外部 for 循环可以包含一个 while 循环，反之亦然。外循

环可以包含多个内循环。循环链没有限制。

【思考与练习】

1. 判断题

1）elif 可以单独使用。（   ）

2）pass 语句的出现是为了保持进程结构的完整性。（   ）

3）在 Python 中没有 switch-case 语句。（   ）

4）每个 if 条件后面都要使用冒号。（   ）

5）循环语句可以嵌套使用。（   ）

6）不管是单层循环还是多层循环，只要执行到 break 语句，所有循环立即结束。（   ）

7）在 Python 循环中，对于带有 else 子句的循环，如果因为执行了 break 语句而退出，会执行 else 子句的代码。（   ）

8）在 Python 循环中，使用 for i in range（10）和 for i in range（10，20），控制循环次数是一样的。（   ）

9）在循环结构中，break 用来结束当前当次循环语句，但不跳出当前的循环体。（   ）

10）无论 while 循环表达式判断结果是真是假，循环体至少执行一次。（   ）

2. 单选题

1）以下哪个选项是 while 循环的基本形式？（   ）

A. while 条件：

B. while：

C. while（条件）：

D. while｛条件｝：

2）下面哪个选项是 while 循环的典型用法？（   ）

A. 用来执行固定次数的循环

B. 用来执行不定次数的循环

C. 用来遍历序列

D. 用来实现递归函数

3）下面哪个选项是 while 循环的结束条件？（   ）

A. break 语句

B. continue 语句

C. 循环条件变为 False

D. 循环条件变为 True

4）以下哪个 Python 代码片段可以正确实现死循环？（   ）

A. while True：
    pass

B. for i in range(5)：

　　　　pass
　C. while False：
　　　　pass
　D. for i in range(-1, 5)：
　　　　pass
5）以下关于 Python 循环结构的描述中，错误的是（　　）。
A. break 用来结束当前当次语句，但不跳出当前的循环体
B. 遍历循环中的遍历结构可以是字符串、文件、组合数据类型和 range( ) 函数等
C. Python 通过 for、while 等保留字构建循环结构
D. continue 只结束本次循环

3. 程序设计题

1）输入任意一个正整数，求出它是几位数。

2）求 1~100 的累加和，但要跳过所有个位数为 5 的数。

3）编写程序提示用户输入一个在 1~15 之间的整数，然后显示一个金字塔，示例运行结果如图 4-9 所示。

```
请输入一个数： 5
              1
            2 1 2
          3 2 1 2 3
        4 3 2 1 2 3 4
      5 4 3 2 1 2 3 4 5
```

图 4-9　金字塔示例

项目5 敏感词替换

[知识目标]
1. 熟知字符串的4种编码格式。
2. 掌握标识符的命名规则。
3. 了解字符串的索引值。

[技能目标]
1. 掌握字符串的3种创建方式。
2. 掌握字符串的3种格式化方式。
3. 学会使用字符串的基本操作。

[素养目标]
1. 养成良好的编程风格。
2. 善于通过编程来解决实际问题。
3. 遵守网络法律，自觉接受法律的约束，共同维护健康有序的网络环境。

【项目描述】

敏感词是网站的特殊敏感词。大部分论坛、网站等，为了方便管理，都进行了关于敏感词的设定，如图5-1所示。

在多数网站上，敏感词一般是指带有敏感政治倾向、暴力倾向、不健康色彩或不文明的词汇，也有一些网站根据自身实际情况，设定一些只适用于本网站的特殊敏感词。例如，很多电子商务网站会将一些涉及侵犯知识产权，不宜销售的商品，如"山寨""水货""盗版""刻录"等设置为敏感词，使这些词在商品简介中是发不出来的。竞争对手的名称在一些电商网站也是无法发出的敏感词。

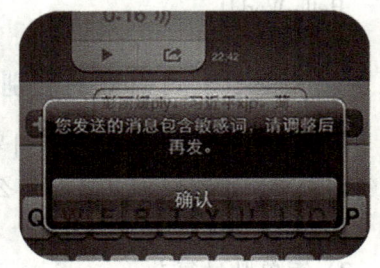

图 5-1 敏感词

【项目分析】

对于文章中出现的敏感词，常用的处理方法是使用特殊符号（如"*"）对敏感词进行替换。本项目要求编写代码，实现具有替换敏感词功能的程序。

【知识与技能储备】

论坛与网站中的内容，包括敏感词，基本都是以字符串的形式出现的，因此要实现敏感词替换的项目，首先要了解字符串，并掌握字符串的操作方法。

5.1 字符串介绍

在 Python 中，字符串是一个类（class str），用于表示、储存、操作一串字符。字符串类属于 Python 最基本的数据结构——序列（sequence），序列中的每个元素都有一个索引（index）与之对应，字符串可以看作是字符的序列。

字符串介绍

5.1.1 创建字符串

在 Python 中，可以用单引号（''）、双引号（""）和三引号（""""""或''''''）创建字符串，示例程序如下：

```python
a = 'Hello World!'
b = "Hello World!"
c = """Hello World!"""
print(a)
print(b)
print(c)
```

运行结果：

```
Hello World!
Hello World!
Hello World!
```

5.1.2 使用不同引号的区别

既然在 Python 中可以用单引号（''）、双引号（""）和三引号（""""""或''''''）直接创建字符串，那么它们三者有什么区别呢？首先回顾一下 Python 的编程哲学。

1）优美胜过丑陋。

2）简单胜过复杂。

在 Python 中，当用单引号定义字符串时，若字符串中有单引号，需要在字符串中的单引号前面加上转义符号"\"来告诉 Python 解释器，把字符串中的单引号作为普通的字符看待，如 s1 = 'I\'m Chinese'，如果不加上"\"，那么解释器就会认为字符串到"I"这个位置就结束了，而最后的单引号因为没有和其他单引号进行匹配，而出现程序错误。

当用双引号定义字符串时，若字符串中有双引号，需要在字符串中的双引号前面加上转义符号"\"来告诉 Python 解释器，把字符串中的双引号作为普通的字符看待，如 s2 = "地址是\"浙江省杭州市\""。

从字符串 s1 和 s2 的定义来看，在字符串中混杂转义符号"\"，会让代码看起来很丑陋，由于要额外输入转义符号"\"，也会变得很复杂。

当用单引号或双引号定义字符串时，若遇到字符串有多行的情况，需要在每行的后面加

一个换行的转义字符"\n",这样输入很复杂,代码很丑陋。示例程序如下:

```
s3 = "List of Citys: \n" \
    "北京\n" \
    "杭州\n" \
    "深圳\n"
print(s3)
```

运行结果:

北京
杭州
深圳

因此,遇到多行字符串输入的情况,Python 建议使用三引号,这样可以避免每行都要加入一个换行符。示例程序如下:

```
s3 = """List of Citys:
北京
杭州
深圳"""
print(s3)
```

运行结果:

北京
杭州
深圳

在三引号定义的字符串中,未转义的换行符和引号都被视为普通字符串。三引号常用于实现 Python 函数、类和模块的文档字符串。

如果字符串太长,由于长度限制需要以多行字符串形式书写,Python 提供了一个更加优雅的实现方式:圆括号+单引号或双引号。示例程序如下:

```
msg = ("中国水资源总量占降水总量的 44.2%,"
        "平均每平方千米产水 29 万立方米。")
print(msg)
```

运行结果:

中国水资源总量占降水总量的 44.2%,平均每平方千米产水 29 万立方米。

接下来,总结定义字符串的几种形式与应用场合,见表 5-1。

表 5-1 定义字符串的几种形式与应用场合

定义字符串的形式	应用场合
单引号	没有把单引号作为普通字符
双引号	需要把单引号作为普通字符
圆括号+单引号或双引号	字符串太长,需要以多行字符串形式书写
三引号	撰写文档字符串

5.2 字符串编码

字符串也是一种数据类型，但是，字符串比较特殊的是还有一个编码问题。

字符串编码

因为计算机只能处理数字，如果要处理文本，就必须先把文本转换为数字。最早的计算机在设计时采用 8 位（bit）作为 1 字节（Byte），所以，1 字节能表示的最大的整数就是 255（二进制 11111111 = 十进制 255），如果要表示更大的整数，就必须用更多的字节。例如，2 字节可以表示的最大整数是 65535，4 字节可以表示的最大整数是 4294967295。

5.2.1 ASCII 编码

由于计算机是美国人发明的，因此，最早只有 127 个字符被编码到计算机里，也就是大小写英文字母、数字和一些符号，这个编码表被称为 ASCII 编码表，如表 5-2 所示，例如，大写字母"A"的编码是 65，小写字母"z"的编码是 122。标准 ASCII 编码用 1 字节中的 7 位就能存储，为了让第 8 位（最高位）也参与编码，就形成了扩展 ASCII 编码。扩展 ASCII 编码主要包含了一些特殊符号、外来语字母和图形符号。许多基于 x86 的系统都支持扩展 ASCII 编码。

针对扩展的 ASCII 编码，不同的国家有不同的字符集，所以它并不是国际标准。

表 5-2　ASCII 编码表

十进制	字符	十进制	字符	十进制	字符	十进制	字符
0	NUT（空字符）	18	DC2（设备控制 2）	36	$	54	6
1	SOH（标题开始）	19	DC3（设备控制 3）	37	%	55	7
2	STX（正文开始）	20	DC4（设备控制 4）	38	&	56	8
3	ETX（正文结束）	21	NAK（拒绝接受）	39	,	57	9
4	EOT（传输结束）	22	SYN（同步空闲）	40	(	58	:
5	ENQ（请求）	23	TB（传输块结束）	41	)	59	;
6	ACK（收到通知）	24	CAN（取消）	42	*	60	<
7	BEL（响铃）	25	EM（介质中断）	43	+	61	=
8	BS（退格）	26	SUB（替补）	44	,	62	>
9	HT（水平制表符）	27	ESC（换码）	45	-	63	?
10	LF（换行键）	28	FS（文件分隔符）	46	.	64	@
11	VT（垂直制表符）	29	GS（分组符）	47	/	65	A
12	FF（换页键）	30	RS（记录分离符）	48	0	66	B
13	CR（<Enter>键）	31	US（单元分隔符）	49	1	67	C
14	SO（不用切换）	32	（<Space>键）	50	2	68	D
15	SI（启动切换）	33	!	51	3	69	E
16	DLE（数据链路转义）	34	"	52	4	70	F
17	DCI（设备控制 1）	35	#	53	5	71	G

(续)

十进制	字符	十进制	字符	十进制	字符	十进制	字符
72	H	86	V	100	d	114	r
73	I	87	W	101	e	115	s
74	J	88	X	102	f	116	t
75	K	89	Y	103	g	117	u
76	L	90	Z	104	h	118	v
77	M	91	[	105	i	119	w
78	N	92	\	106	j	120	x
79	O	93	]	107	k	121	y
80	P	94	^	108	l	122	z
81	Q	95	_	109	m	123	{
82	R	96	`	110	n	124	|
83	S	97	a	111	o	125	}
84	T	98	b	112	p	126	~
85	U	99	c	113	q	127	DEL

5.2.2 Unicode 字符集（Unicode 编码）

ASCII 编码要处理中文显然一个字节是不够的，至少需要两个字节，而且还不能与 ASCII 编码冲突，所以我国制定了 GB2312 编码，用来把中文编进代码中。可想而知，全世界有上百种语言，日本把日文编到 Shift_JIS 里，韩国把韩文编到 Euc-kr 里，各国有各国的标准，就会不可避免地出现冲突，结果就是，在多语言混合的文本中，显示出来会有乱码。

因此，Unicode 字符集应运而生。Unicode 把所有语言都统一到一套编码里，这样就不会再有乱码问题了。

Unicode 标准也在不断发展，但最常用的是 UCS-16 编码，用两个字节表示一个字符（如果要用到非常偏僻的字符，就需要四个字节）。现代操作系统和大多数编程语言都直接支持 Unicode。

Unicode 不是一个新的编码规则，而是一套字符集。

现在，将一将 ASCII 编码和 Unicode 编码的区别：

可以发现，ASCII 字符最高位置 0 的情况下，最多表示 128 个字符，英文字符完全可以被编码，如果是其他语言，字符数量多于 127 个如何表示呢？一些国家对 ASCII 码做了扩展，让最高位也参与编码，这样 ASCII 码能表示的字符数量从 128 个上升到 256 个，这种编码 ASCII 也被称为扩展 ASCII 编码。

然而，扩展 ASCII 编码仍然有很大局限性，世界上有很多种语言文字，每种语言的字符数量不一，256 个依然是不够用的。汉字的数量大约接近十万个，常用汉字约六千个，如何实现汉字编码呢？此类情况，其他语言也存在。每个国家都将自己的语言编码为某个标准，标准不统一，导致计算机设备在传输信息过程中出现乱码，因此出现了 Unicode 编码。Unicode 字符集涵盖了世界上所有的文字和符号字符，Unicode 编码方案为字符集中的每一个字符指定了统一且唯一的二进制编码，这就能彻底解决之前不同编码系统的冲突和乱码问题了。

新的问题又出现了：如果统一成 Unicode 编码，虽然乱码问题从此消失，但是，如果文本主要是英文，用 Unicode 编码比 ASCII 编码需要多一倍的存储空间，在存储和传输上就十分不划算。所以，本着节约的精神，又出现了把 Unicode 编码转化为"可变长编码"的 UTF-8 编码。

5.2.3　UTF-8 编码

UTF-8 编码把一个 Unicode 字符根据不同的数字大小编码成 1~6 字节，常用的英文字母被编码成 1 字节，汉字通常是 3 字节，只有很生僻的字符才会被编码成 4~6 字节。如果要传输的文本包含大量英文字符，用 UTF-8 编码就能节省空间。

在计算机内存中，统一使用 Unicode 编码，当需要保存到硬盘或需要传输时，与 UTF-8 编码进行转换，转换过程如图 5-2 所示。

如图 5-2 所示，用记事本编辑的时候，从文件读取的 UTF-8 字符被转换为 Unicode 字符放到内存里，编辑完成后，保存的时候再把 Unicode 转换为 UTF-8 保存到文件。

浏览网页的时候，服务器会把动态生成的 Unicode 内容转换为 UTF-8 再传输到浏览器，如图 5-3 所示。

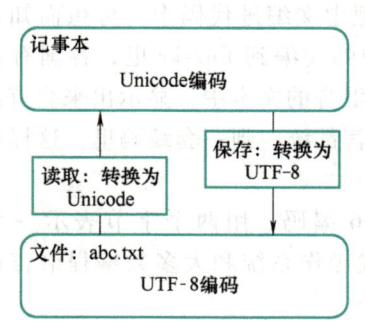

图 5-2　Unicode 与 UTF-8 编码转换

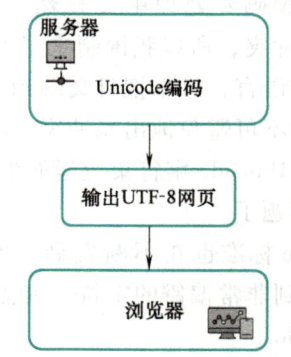

图 5-3　Unicode 编码传输到浏览器

所以，很多网页的源码上会有类似<meta charset = " UTF-8"/>的信息，表示该网页使用的是 UTF-8 编码。

5.2.4　GB 2312 编码

1980 年，为了使每个汉字有一个全国统一的代码，我国颁布了汉字编码的国家标准 GB/T 2312—1980《信息交换用汉字编码字符集　基本集》，这个字符集是我国中文信息处理技术的发展基础，也是国内所有汉字系统的统一标准。

在这个标准中，规定使用两个字节表示一个字符，又为了兼容 ASCII 码，规定每个字节的首位固定为 1。这样最终编码后的范围是 0xA1A1~0xFEFE（共 94×94 = 8836 个码位），其中收录了汉字 6763 个（其中一级汉字 3755 个，二级汉字 3008 个），汉字覆盖率达到了 99.75%。它是一个简化字的编码规范（称 GB 2312 编码），也包括其他的符号、字母、日文假名等，共 7445 个图形字符。

GB/T 2312—1980 字符集分成 94 个区，每区有 94 个位，分别对应第 1 个字节和第 2 个字节，这种表示方式也称为区位码，简体中文编码表的部分内容见表 5-3。

- 01~09 区为特殊符号。
- 10~15 区为用户自定义符号区（未编码）。
- 16~55 区为一级汉字，按拼音排序，共 3755 个。
- 56~87 区为二级汉字，按部首/笔画排序，共 3008 个。
- 88~94 区为用户自定义汉字区（未编码）。

表 5-3 简体中文部分编码表

01 区	+0	+1	+2	+3	+4	+5	+6	+7	+8	+9	+A	+B	+C	+D	+E	+F
A1A0			、	。	・			″	〃	々	—	~	‖	…	'	,
A1B0	"	"	〔	〕	〈	〉	《	》	「	」	『	』	〖	〗	【	】
A1C0	±	×	÷	:	∧	∨	Σ	Π	∪	∩	∈	∷	√	⊥	∥	∠
A1D0	⌒	⊙	∫	∮	≡	≌	≈	∽	∝	≠	≮	≯	≤	≥	∞	∴
A1E0	∴	♂	♀	°	′	″	℃	$	¤	¢	£	‰	§	№	☆	★
A1F0	○	●	◎	◇	◆	□	■	△	▲	※	→	←	↑	↓	=	

UTF-8：英文占 1 字节，中文占 3 字节；Unicode：任何字符都占 2 字节；GB 2312：英文占 1 字节，中文占 2 字节。如下程序所示：

```
str1 = "中国"
str2 = "hky"
print(len(str1))
print(len(str1.encode('gbk')))
print(len(str1.encode('utf-8')))
print(len(str2))
print(len(str2.encode('gbk')))
print(len(str2.encode('utf-8')))
```

运行结果：

2
4
6
3
3
3

5.3 字符串的索引值

Python 字符串中的元素（字符）可以用下标来索引，如图 5-4 所示。索引值的数值按照下面的规则。

1）从左到右索引，使用正数，最左边的字符下标从 0 开始。
2）从右到左索引，使用负数，最右边的字符下标从 -1 开始。

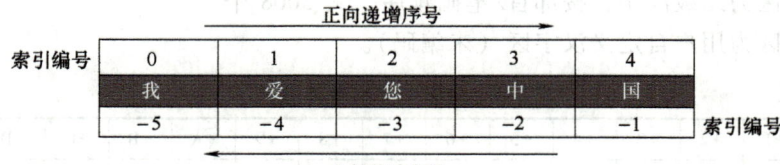

图 5-4 从两个方向索引字符串

索引字符串中的首字符、末字符、第三个字符、倒数第三个字符，如示例程序所示，在索引字符串元素时，需要注意：索引越界会引发错误。

```
s1 = "中华人民共和国陆地面积约 960 万平方公里"
print(s1[0])      # 索引首字符
print(s1[-1])     # 索引末字符
print(s1[2])      # 索引第三个字符
print(s1[-3])     # 索引倒数第三个字符
```

运行结果：

中
里
人
方

字符串类跟数值类一样，都是不可变对象（immutable），向字符串索引位置写入新的值，会引发错误，如示例程序所示。

```
s1 = "Python"
s1[0] = "p"
```

运行结果：

```
Traceback (most recent call last):
  File "D:\Python\pythonProject1\字符串.py", line 2, in <module>
    s1[0] = "p"
    ~~^^^
TypeError: 'str' object does not support item assignment
```

在上面这个程序中，字符串 s1 已经被定义为"Python"，而 s1[0]="p"试图将首字符替换为"p"，程序就出现了错误。

当把变量关联到新的字符串对象时，Python 解释器会创建一个新的字符串对象，然后把这个新的字符串对象关联到变量上，如示例程序所示。初学者很容易因为变量能够重新关联到新的字符串对象上而误认为是字符串对象可以改变。

```
s1 = "Python"
print(id(s1))
s1 = "Python 程序设计"
print(id(s1))
```

运行结果：

```
140710684690424
1663468949152
```

在这个程序中，s1 = "Python" 表示在内存中定义了一个字符串，引用名为 s1。而 s1 = "Python 程序设计"定义了另一个字符串，将引用名 s1 指向了新的字符串"Python 程序设计"。此时在计算机内存中保存了两个字符串，s1 引用指向了"Python 程序设计"，"Python"由于失去了引用名而变成了内存垃圾。

5.4 格式化字符串

格式化字符串，是指将指定的字符串转换为想要的格式。Python 中有 3 种格式化字符串的方式。

格式化字符串

5.4.1 使用%格式化

%的主要作用将数据转换为指定的输出格式，即通过%的占位符方式，将数字、字符传递到字符串里的指定位置，传递的时候按照顺序传。

语法格式：('%字符' % 被格式化的对象)

第二个"%"的左边和右边各加一个空格，指明在做格式化，不加空格也可以，不会报错。

示例程序如下：

```
name = "小明"
age = 5
print("他的名字是% s,今年% d 岁了。"%  (name,age))
```

运行结果：

```
他的名字是小明,今年5 岁了。
```

在使用%格式化的时候，要注意被格式化对象的放置顺序及对应的数据类型。如"他的名字是%s"，则应该存放字符串类型的 name，"今年%d 岁"则存放整数类型的 age。不同格式符的说明见表 5-4。

表 5-4 格式符

格式符	格式说明	格式符	格式说明
%c	将对应的数据格式化为字符	%o	将对应的数据格式化为无符号八进制整数
%s	将对应的数据格式化为字符串	%x	将对应的数据格式化为无符号十六进制整数
%d	将对应的数据格式化为整数	%f	将对应的数据格式化为浮点数,可指定小数点后的精度(默认保留6位小数)
%u	将对应的数据格式化为无符号整型	—	—

5.4.2 使用 format( )格式化

format( )方法的语法格式如下:

"{}".format(value1, value2, …)

在上面的语法中,"{}"是一个占位符,用于表示要插入的值。可以使用任何数字或字母来命名占位符,但必须用花括号括起来。这个方法接受两个或更多的参数,将它们格式化为一个字符串。这些参数可以是数字、字符串或其他数据类型。例如:

```
id = "20223132"
name = '何平'
age = 21
print("您好,{},您的编号是{},您今年{}岁".format(name,id,age))
```

输出结果是:

您好,何平,您的编号是 20223132,您今年 21 岁

在使用 format( )函数时,需要注意以下几点:

1) 占位符和参数的数量必须匹配,如果有更多的占位符而参数不足,或者有更多的参数而占位符不足,都会导致 TypeError 异常。

2) 在格式化字符串中,可以使用花括号"{}"包含具体的格式控制规则,例如,{:d} 表示整数格式化,{:f} 表示浮点数格式化。这些规则可以与位置参数和关键字参数一起使用。

5.4.3 使用 f-string 格式化

f-string,亦称为格式化字符串常量(formatted string literals),是 Python 3.6 新引入的一种字符串格式化方法,该方法源于 PEP498 - Literal String Interpolation,主要目的是使格式化字符串的操作更加简便。

f-string 格式化包含了由花括号括起来的替换字段 print(f"xx = {替换字段}"),替换字段是表达式,在运行时计算并使用 format( )协议进行格式化。

例如,可以将上面这段程序改为:

```
id = "20223132"
name = '何平'
age = 21
print(f"您好,{name},您的编号是{id},您今年{age}")
```

输出结果是：

您好,何平,您的编号是 20223132,您今年 21 岁

f-string 在功能方面不逊于传统的%语句和 str.format( )方法,同时性能又优于二者,且使用起来也更加简洁明了,因此对于 Python 3.6 及以后的版本,推荐使用 f-string 进行字符串格式。

5.5 字符串基本操作

字符串的基本操作有字符串的大小写转换、检索与替换、删除指定字符、切片、分割与拼接、运算符的使用等。

5.5.1 字符串大小写转换

Python 中,为了方便对字符串中的字母进行大小写转换,字符串变量提供了 4 种函数,分别是 lower( )、upper( )、capitalize( )和 title( )。

字符串大小写转换

1. lower( )

lower( )函数用于将字符串中的所有大写字母转换为小写字母,转换完成后,该函数会返回新得到的字符串。如果字符串中原本就都是小写字母,则该函数会返回原字符串。

lower( )函数的语法格式如下：

```
str.lower()
```

示例程序：

```
str1 = "Hello World!"
print(str1.lower())
```

运行结果：

```
hello world!
```

2. upper( )

upper( )的功能和 lower( )函数恰好相反,它用于将字符串中的所有小写字母转换为大写字母。两种函数的返回方式相同,即如果转换成功,则返回新字符串；反之,则返回原字符串。

upper( )函数的语法格式如下：

```
str.upper()
```

示例程序：

```
str1 = "Hello World !"
print(str1.upper())
```

运行结果：

```
HELLO WORLD!
```

3. capitalize( )

capitalize( )函数用于将字符串的第一个字符转换为大写字母，而其他字符则保持不变。如果字符串已经以大写字母开头，那么capitalize( )函数将会检查剩余的字符串是否为小写并进行修改。

示例程序：

```
str1 = "hello World!"
print(str1.capitalize())
```

运行结果：

```
Hello world!
```

4. title( )

title( )函数用于将字符串中每个单词的首字母转为大写，其他字母全部转为小写，转换完成后，此函数会返回转换得到的字符串。如果字符串中没有需要被转换的字符，此函数将返回原字符串。

title( )函数的语法格式如下：

```
str.title()
```

示例程序：

```
str1 = "hello world!"
print(str1.title())
```

运行结果：

```
Hello World!
```

5.5.2 字符串的检索与替换

字符串的检索函数有count( )、find( )、index( )、startswith( )、endswith( )，替换函数有replace( )、sub( )。

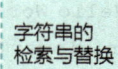

字符串的检索与替换

1. count( )

count( )函数用于检索指定字符串在另一个字符串中出现的次数，如果检索的字符串不存在则返回0，否则返回出现的次数。

count( )函数的语法格式如下：

```
str1.count(str2[, start[, end]])
```

其中，str1代表被检索的字符串，str2代表检索的字符串，start代表开始的位置，end代表结束的位置。

示例程序：

```
str1 = "hello world"
print(str1.count('o'))
print(str1.count('k'))
print(str1.count('o',5,8))
```

运行结果：

```
2
0
1
```

在这个程序中,str1.count('o') 的作用是统计字符"o"共出现了几次,str1.count('k') 用于统计字符"k"共出现了几次,str1.count('o',5,8) 用于统计字符"o"在索引 5~8 之间共出现了几次。

2. find()

find() 函数的作用是检索是否包含指定的字符串,如果检索的字符串不存在则返回-1,否则返回首次出现该字符串时的索引。

find() 函数的语法格式如下:

```
str1.find(str2[, start[, end]])
```

其中,str1 代表被检索的字符串,str2 代表检索的字符串,start 代表开始的位置,end 代表结束的位置。

示例程序:

```
str1 = "hello world"
print(str1.find('wo'))
print(str1.find('ow'))
```

运行结果:

```
6
-1
```

在这个程序中,str1.find('wo') 作用是检索字符串"wo"出现的位置,此时将"wo"作为一个整体进行看待,因此检索的是"w"的位置。str1.find('ow') 的作用是检索字符串"ow"出现的位置,由于"hello world"中并不存在"ow",因此检索出来的结果是-1。

3. index()

index() 函数的作用和 find() 函数类似,也用于检索是否包含指定的字符串,使用 index() 函数,当指定的字符串不存在时会抛出异常。

index() 函数的语法格式如下:

```
str1.index(str2[, start[, end]])
```

其中,str1 代表被检索的字符串,str2 代表检索的字符串,start 代表开始的位置,end 代表结束的位置。

示例程序:

```
str1 = "hello world"
print(str1.index('wo'))
print(str1.index('ow'))
```

运行结果:

```
6
Traceback (most recent call last):
```

```
    File "C:\Users\Administrator\PyCharmProjects\Python 程序设计项目教程\字符串.py", line 3, in
<module>
        print(str1.index('ow'))
              ^^^^^^^^^^^^^^^^
ValueError: substring not found
```

str1.index('ow') 中由于检索不到字符串"ow",而出现了 ValueError 类型的异常。

find()与 index()的区别是什么呢?

1) index()函数用于查找子串在字符串中第一次出现的索引位置。如果找不到子串,会引发 ValueError 异常。所以在使用 index()函数之前,需要确保子串存在于字符串中,否则程序会中断。一旦找到子串,index()就会返回子串的索引位置,可以方便地定位和操作字符串。

2) find()函数也用于查找子串在字符串中第一次出现的索引位置。与 index()不同的是,如果找不到子串,find()会返回-1,而不是引发异常。这使得在不确定子串是否存在的情况下,可以更容易地处理字符串。可以通过判断 find()返回值是否为-1 来判断子串是否存在。

3) index()和 find()的主要区别是,在查找不到字符串时,index()会通过抛出 ValueError 这个异常,明确地告诉调用者未找到指定的子字符串,这有助于开发者理解为何代码没有按预期执行。而 find()在找不到子串时不会中断程序,并且可以通过返回值进行判断。

4. startswith()

startswith()的作用是检索字符串是否以指定的字符串开头,如果是则返回 True,否则返回 False。

startswith()函数的语法格式如下:

```
str1.startswith(str2[, start[, end]])
```

其中,str1 代表被检索的字符串,str2 代表检索的字符串,start 代表开始的位置,end 代表结束的位置。

示例程序:

```
str1 = "hello world!"
print(str1.startswith('hello'))
print(str1.startswith('hi'))
```

运行结果:

```
True
False
```

5. endswith()

endswith()的作用是检索字符串是否以指定的字符串结尾,如果是则返回 True,否则返回 False。

endswith()函数的语法格式如下：
```
str1.endswith(str2[, start[, end]])
```
其中，str1 代表被检索的字符串，str2 代表检索的字符串，start 代表开始的位置，end 代表结束的位置。

示例程序：
```
str1 = "hello world!"
print(str1.endswith('world! '))
print(str1.endswith('hello'))
```

运行结果：
```
True
False
```

6. replace( )

replace()的作用是将当前字符串中的指定子串替换成新的子串，并返回替换后的新子串。

replace()函数的语法格式如下：
```
str.replace(old,new[,count])
```
其中，old 是被替换的旧字符串，new 是替换的新字符串，count 是替换几次。

示例程序：
```
str1 = "When I go to school and play with my friends, I will be very happy!"
print(str1.replace('I','* '))
```

运行结果：
```
When *  go to school and play with my friends, *  will be very happy!
```

从这个程序运行结果得知，如果不设置 count 的值，就会全部进行替换。如果只是需要替换一次的话，可以设置 count 的值为 1，例如：
```
str1 = "When I go to school and play with my friends, I will be very happy!"
print(str1.replace('I','* ',1))
```

运行结果：
```
When *  go to school and play with my friends, I will be very happy!
```

由此可见，在执行 replace() 函数的时候，是从头开始进行检索，然后按照 count 的次数进行替换。

7. sub( )

正则表达式一个比较常见的用途是找到所有模式匹配的字符串并用不同的字符串来替换它们。sub()方法提供一个替换值，可以是字符串或函数，和一个要被处理的字符串。

在 Python 中可以使用 sub() 函数来进行查询和替换。

sub 函数的语法格式为：
```
sub(replacement, string[, count=0])
```

其中，replacement 是被替换成的文本，string 是需要被替换的文本，count 是一个可选参数，指最大被替换的数量。

示例程序：

```
import re
p = re.compile('(blue|white|red)')
print(p.sub('colour','blue socks and red shoes'))
print(p.sub('colour','blue socks and red shoes', count=1))
```

运行结果：

```
colour socks and colour shoes
colour socks and red shoes
```

在这个程序中，re.compile('(blue|white|red)') 定义了一个正则表达式，里面的元素是"blue""white""red"，然后通过 sub() 函数，指定字符串"colour"来替换字符串"blue socks and red shoes"中正则表达式出现的元素，第 3 行是全部替换，第 4 行是替换一次。

5.5.3 删除指定字符

开发中，会遇到这样的需求，字符串前后（左右侧）不允许出现空格和特殊字符，或者将用户输入的字符串中误输入的空格去除掉。这时，就需要用到 strip()、lstrip() 和 rstrip() 函数。

1. strip()

strip() 的作用是去除字符串前后（左右侧）的空格或特殊字符。

strip() 的语法格式如下：

```
str.strip([chars])
```

其中，str 代表被操作的字符串，char 表示要删除的字符，如果不指定就是删除空格。

示例程序：

```
str1 = " hello world! "
print(str1.strip())
str2 = "#hello world@ #"
print(str2.strip('#'))
str3 = "@.hello world! @."
print(str3.strip('@.'))
```

运行结果：

```
hello world!
hello world@
hello world!
```

在这个程序中，str1.strip() 的作用是删除字符串前后空格，str2.strip('#') 的作用是删除字符串前后的"#"，str3.strip('@.') 的作用是删除字符串前后的"@."。

2. lstrip()

lstrip()的作用是去除字符串前面（左侧）的空格或特殊字符。

lstrip()语法格式如下：

str.lstrip([chars])

示例程序：

```
str1 = " hello world! "
print(str1.lstrip())
str2 = "#hello world@ #"
print(str2.lstrip('#'))
str3 = "@.hello world! @."
print(str3.lstrip('@.'))
```

运行结果：

```
hello world! 
hello world@ #
hello world! @.
```

由此可见，lstrip()仅对字符串的左侧进行操作，而右侧没有进行任何去除操作。

3. rstrip()

rstrip()的作用是去除字符串后面（右侧）的空格或特殊字符。

rstrip()语法格式如下：

str.rstrip([chars])

示例程序：

```
str1 = " hello world! "
print(str1.rstrip())
str2 = "#hello world@ #"
print(str2.rstrip('#'))
str3 = "@.hello world! @."
print(str3.rstrip('@.'))
```

运行结果：

```
 hello world!
#hello world@
@.hello world!
```

与lstrip()相反，rstrip()是对字符串的右侧进行操作，而左侧没有进行任何去除操作。

5.5.4 字符串切片

字符串切片

在Python中，切片（slice）是针对序列型对象（如字符串、列表、元组）的一种高级索引函数。普通索引只取出序列中一个下标对应的元素，而切片取出序列中一个范围对应的元素，这里的范围不是狭义上的连续片段。

切片的语法格式如下：

Object:[起点(start):终点(end):步长(step)]

切片的意思是选取字符串的一个子集。需要注意的是：

1）切片运算符包含起点索引值对应的元素，不包含终点索引值对应的元素。
2）若省略起点，则是告诉 Python 解释器，起点是首字符。
3）若省略终点，则是告诉 Python 解释器，终点是末字符。
4）选取越界会被 Python 解释器自动处理为边界值，不会引起报错。

示例程序如下：

```
s = "大自然是一切生物的摇篮"
print(s[0:3:1])
print(s[0:3:3])
print(s[0:3])
print(s[:3])
print(s[6:8])
print(s[9:11])
```

运行结果：

```
大自然
大
大自然
大自然
生物
摇篮
```

5.5.5 字符串分割与拼接

字符串分割与拼接

1. split( )

Python 提供的 split( ) 函数可以将一个字符串分割成多个字符串组成的列表。

split( ) 的语法格式如下：

```
s.split(sep=None,maxsplit)
```

其中，sep 是分割符，maxsplit 为最大分割次数。split( ) 的作用是按 "sep" 字符串将 "s" 字符串分割成多个字符串，这些字符串组成一个列表，即函数 split( ) 调用后返回一个列表。

示例程序如下：

```
# 把字符串"s"按空格分割成一个列表
s = "I am learning Python"
w = s.split(" ")
print(w)
# 按"ear"把字符串"s"分割
s = "I am learning Python"
w = s.split("ear")
print(w)
```

项目5 敏感词替换

运行结果：

```
['I', 'am', 'learning', 'Python']
['I am l', 'ning Python']
```

在split()函数中，参数maxsplit指定最大分割次数。如果不指定maxsplit，则默认分割次数为正无穷大。如果maxsplit超过正常分割次数，则maxsplit无效。

示例程序如下：

```
#把字符串"s"按空格分割成一个列表，并且指定分割8次
s="I am learning Python"
w=s.split(" ",8)
print(w)
```

运行结果：

```
['I', 'am', 'learning', 'Python']
```

从运行结果可以得知，尽管在程序中要求按空格分割8次，但是由于字符串中只有3个空格，因此就按照3次进行分割。

2. join()

join()函数用于使用指定的字符拼接字符串，并生成一个新的字符串。

join()的语法格式如下：

```
str1.join(str2)
```

示例程序如下：

```
s="*"
w=s.join("Python")
print(w)
```

运行结果：

```
P*y*t*h*o*n
```

5.5.6 字符串运算符

运算符可以实现字符串连接和重复，也可以判断一个字符串是否是另一个字符串的子串。字符串常见的运算符见表5-5。

字符串运算符

表5-5 字符串运算符

运算符	功能	示例	结果
str1 + str2	连接两个字符串	print("China"+"Beijing")	ChinaBeijing
str * n	重复n次字符串	print("中国,加油!"*3)	中国,加油!中国,加油!中国,加油!
str1 in str2	判断str1是否为str2的子串："是"——返回True"否"——返回False	print("中国" in "中国,加油!") print("China" in "中国,加油!")	True False

示例程序如下：

```
s1 = "大自然"
s2 = "是一切生物的摇篮"
print(s1 + s2)
print(s1 * 3)
```

运行结果：

```
大自然是一切生物的摇篮
大自然大自然大自然
```

【项目实施】

替换文件中的敏感词可以分为以下几个步骤：
1）打开文件，读取文件内容。
2）使用正则表达式匹配需要替换的敏感词。
3）使用替换函数将匹配的敏感词替换成指定的字符。
4）将替换后的文本写入文件中。

1. 项目代码

```python
import re
def replace_sensitive_words(text):
    # 定义需要被替换的敏感词列表
    sensitive_words = ['最好', '最优']
    for word in sensitive_words:
        text = re.sub(word, '*', text)
    return text
# 测试代码
original_text = "的产品是最好的,服务是最优的。"
replaced_text = replace_sensitive_words(original_text)
print("原始文本:", original_text)
print("替换后的文本:", replaced_text)
```

上述程序中，首先定义了一个函数 replace_sensitive_words()，在函数中定义了敏感词列表，通过 for 循环遍历敏感词列表，然后通过 re.sub() 函数替换敏感词为"*"。Python 中的 re 指的是正则表达式，这是用来简洁表达一组字符串特征的。

在主程序中，定义了原始文本 original_text，替换后的文本通过 replace_sensitive_words() 获得。

2. 自我评价

大家可以先自行编写替换敏感词的程序，然后进行调试，再对照项目代码，完成自我评价，见表 5-6。

表 5-6 自我评价表

评价要素	评价标准	评价分值	自我评价得分
导入第三方库	import re 书写是否正确	25	
定义敏感词列表	敏感词是否符合社会常识	25	
敏感词的替换	正则表达式的使用是否正确	25	
替换效果	是否实现敏感词替换	25	

【项目总结】

本项目是敏感词的替换。在项目实施过程中，学习了以下知识与技能：

1）创建字符串，可以用单引号（' '）、双引号（" "）和三引号（" " " " " " 或 ' ' ' ' ' '）的形式。

2）字符串的编码，包括 ASCII 编码、GB2312 编码、Unicode 字符集和 UTF-8 编码等。

3）字符串的索引值，Python 字符串中的元素（字符）可以用下标来索引。

4）格式化字符串的 3 种形式：%、format( )、f-string。

5）字符串的基本操作，如字符串的大小写转换、检索与替换、删除指定字符、切片、分割与拼接、运算符的使用等。

在本项目的实施中，需要注意字符串的替换操作是否正确。

【思考与练习】

1. 判断题

1）f-string 格式中，可以使用"f"或"F"引领字符串。（　　）

2）字符串创建后可以进行修改。（　　）

3）使用 lstrip( )函数后，返回的是一个新字符串。（　　）

4）使用加号运算符可以连接两个字符串。（　　）

5）rstrip( )函数用于删除字符串末尾的空格或指定字符，返回的是一个新字符串。（　　）

2. 单选题

1）执行下列代码：

```
symbol = '*'
world = '* * *'
print(symbol.join(world))
```

输出结果为（　　）。

A. * * * *

B. * * *

C. * * * * *

D. *

2）以下程序会出现错误的是（　　）。

A. '北京'.encode()

B. '北京'.decode()

C. '北京'.encode().decode()

D. 以上都不会出现错误

3）已知 name="张昊"，age=18，下列语句使用字符串格式化输出，不能正确输出的是（　　）。

A. print('我叫%s，今年我%d岁了' % (agename))

B. print('我叫%s，今年我%d岁了' % (name，age))

C. print('我叫{}，今年我{}岁了'.format(name，age))

D. print(f'我叫{name}，今年我{age}岁了')

4）关于Python字符串类型的说法中，下列描述错误的是（　　）。

A. 字符串是用来表示文本的数据类型

B. Python中可以使用单引号、双引号、三引号定义字符串

C. Python中单引号与双引号不可一起使用

D. 使用三引号定义的字符串可以包含换行符

5）针对下面一段代码，程序执行的结果为（　　）。

```
myStr = 'itheima'
myStr[1]='a'
print(myStr)
```

A. iaheima

B. atheima

C. itheima

D. 程序出现错误

3. 程序设计题

1）编写一个程序，计算一个字符串中有多少个字母"o"。

2）编写一个程序，通过键盘输入一段字符串，输出的结果是字符串中字符的反转，例如，输入是"abc"，输出是"cba"。

项目6　校园歌手大赛评分

【知识目标】
1. 理解列表的数据结构。
2. 了解列表存储形式。
3. 理解列表与其他数据类型的区别。

【技能目标】
1. 掌握列表的定义方式。
2. 了解列表的3种遍历方式。
3. 掌握列表的更新与遍历。
4. 理解列表的排序方法。

【素养目标】
1. 养成良好的编程风格。
2. 善于通过编程来解决实际问题。
3. 热爱校园生活，积极投身于校园活动。

【项目描述】

校园歌手大赛是一项能给学生带来快乐的活动，举办这次活动能够更好地挖掘人才，发挥学生们的特长，体现现在大学生的精神面貌。同时它也能培养同学的团结意识，增进相互之间的友谊，丰富学生的课余生活。

为了吸引更多的同学来现场展示才艺，除了在校园里发布精美的海报（见图6-1）以外，更加需要保证比赛的公平与公正。为了防止虚高打分与恶意打分，某项比赛设有评委

图6-1　校园歌手大赛海报

组，每名选手由评委组的 10 名评委打分，制定评分规则如下：去掉最高分和最低分，其余 8 位评委打分的平均分，即为该选手的最终得分。

请按照评分规则编写程序，依次获取 10 位评委的打分，计算并输出每位选手的得分。

【项目分析】

在这个项目的程序中，可以将 10 名评委的打分情况存储在一个列表中，然后通过列表的操作，查找出最高分与最低分，进行删除，最后求取剩下 8 名评委的平均分，作为该选手的得分。

【知识与技能储备】

要实现校园歌手大赛的评分，需要学习列表的创建、遍历及基本使用方法。

6.1 创建列表

在 Python 中，列表是一种最常用的数据类型，使用方括号"[]"表示，在列表中使用逗号","将列表中的元素分隔。当"[]"内没有元素时，该列表为空。列表的数据项不需要具有相同的类型。

创建和访问列表

创建一个列表，只要把逗号分隔的不同的数据项使用方括号括起来即可。如下所示：

```
List1 = ['Physics','Chemistry', 1997, 2000]
List2 = [1, 2, 3, 4, 5]
```

在上述案例中，创建了两个列表，分别用方括号"[ ]"括起来。列表中每个元素的数据类型可以是一样的，也可以是不一样的。

创建列表的时候，如果没有元素，只有一对方括号，那么就称之为空列表。如：

```
List3 = []
```

6.2 访问列表元素

列表是一个有序的集合，所以要访问列表中的某一元素，需要告诉 Python 元素的位置（索引）。即要访问列表元素，首先要指出列表的名称，然后指出元素在列表中的位置。

示例程序如下：

```
list = ["Java", "C#", "Python", "PHP"]
print(list[1])                  # 索引
print(list[2:4])                # 切片:print(list[m:n:step])
for li in list :                # 循环
  print(li, end='')
```

运行结果：
```
C#
['Python','PHP']
Java   C#   Python   PHP
```

在这个程序中，list[1]表示访问列表索引值为"1"的元素，list[2:4]表示通过切片的方式访问索引值为"2:4"（不包括4）的元素，返回值是一个列表。第3种方式通过循环依次访问列表中的每个元素。

6.3 修改列表

在 Python 中添加、修改和删除列表元素也称为更新列表。在实际开发 Python 程序时，经常需要对列表进行更新，下面开始介绍如何添加、修改和删除列表元素。

修改列表

6.3.1 添加列表元素

Python 添加列表元素有3种方法。

1. append()方法

append()方法用于在列表的末尾追加元素，并且只接受一个元素，元素可以是任何数据类型，被追加的元素在列表中保持着原数据结构类型。

append()方法的语法格式如下：
```
list.append(obj)
```
其中，obj 为添加到列表末尾的元素。

示例程序如下：
```
color1 = ['green','blue','pink','red','black']
color2 = ['yellow']
color1.append('white')
print(color1)
color1.append(color2)
print(color1)
```

运行结果：
```
['green', 'blue', 'pink', 'red', 'black', 'white']
['green', 'blue', 'pink', 'red', 'black', 'white', ['yellow']]
```

在这个程序中，首先追加了一个元素'white'，然后又追加了列表 color2，此时 color2 作为列表的一个元素，也就是列表的嵌套。

2. extend()方法

与 append()不同的是，extend()不会把列表或元组视为一个整体，而是将它们包含的元素逐个添加到列表中。与 append()相同的是追加的元素依旧在末尾处。

extend()方法的语法格式如下：

```
list.extend(obj)
```
其中，obj 是将要插入列表中的元素。
示例程序如下：

```
color1 = ['green','blue','pink','red','black']
color2 = ['yellow']
color1.extend('white')
print(color1)
color1.extend(color2)
print(color1)
```

运行结果：

```
['green', 'blue', 'pink', 'red', 'black', 'w', 'h', 'i', 't', 'e']
['green', 'blue', 'pink', 'red', 'black', 'w', 'h', 'i', 't', 'e', 'yellow']
```

第一行的结果表明字符串"white"被拆分了，其每个元素单独添加到列表 color1 中。第二行的结果表明列表 color2 被拆分了，因为里面只有一个字符串元素"yellow"，因此添加到列表 color1 中。

3. insert()方法

insert()方法可以实现在列表中间某个位置插入元素。
insert()方法的语法格式如下：

```
list.insert(index,obj)
```

其中，index 是插入的索引位置，obj 是将要插入列表中的元素。
示例程序如下：

```
color = ['green','blue','pink','red','black']
color.insert(2,'white')
print(color)
```

运行结果：

```
['green', 'blue', 'white', 'pink', 'red', 'black']
```

6.3.2 修改列表元素

在 Python 中修改列表元素有两种情况：一个是修改单个元素，另一个是修改一组元素。

1. 修改单个元素

修改单个元素非常简单，直接对元素赋值即可。使用索引得到列表元素后，通过"="赋值符就改变元素的值。
请看下面的例子：

```
num = [11, 22, 33, 44, 55, 66, 77, 88, 99]
num[2] = 56         #使用正数索引
num[-3] = -5        #使用负数索引
print(num)
```

运行结果如下：

```
[11, 22, 56, 44, 55, 66, -5, 88, 99]
```

2. 修改一组元素

Python 支持通过切片方法给一组元素赋值。在进行这种操作时，如果不指定步长（step 参数），Python 就不要求新赋值的元素个数与原来的元素个数相同。这意味，该操作既可以为列表添加元素，也可以为列表删除元素。

示例程序如下：

```
num = [11, 22, 33, 44, 55, 66, 77, 88, 99]
#修改索引 3~6 元素的值（不包括索引 6 元素）
num[3:6] = [56,17,-5]
print(num)
```

运行结果如下：

```
[11, 22, 33, 56, 17, -5, 77, 88, 99]
```

如果对空切片（slice）赋值，就相当于插入一组新的元素。

```
num = [11, 22, 33, 44, 55, 66, 77, 88, 99]
#在第 5 个元素处插入新元素
num[4:4] = [56,17,-5]
print(num)
```

运行结果：

```
[11, 22, 33, 44, 56, 17, -5, 55, 66, 77, 88, 99]
```

使用切片语法赋值时，Python 不支持单个值，例如，下面的写法就是错误的。

```
num = [11, 22, 33, 44, 55, 66, 77, 88, 99]
#在第 5 个元素处插入新元素
num[4:4] = 100
print(num)
```

报错如下：

```
Traceback (most recent call last):
  File "D:\Python\pythonProject1\字符串.py", line 3, in <module>
    num[4:4] = 100
    ~~~^^^^^
TypeError: can only assign an iterable
```

如果使用字符串赋值，Python 会自动把字符串转换成序列，其中的每个字符都是一个元素，请看下面的代码：

```
s = list("Hello Python")
s[6:12] = "XYZ"
print(s)
```

执行结果如下：

```
['H','e','l','l','o','','X','Y','Z']
```

使用切片语法时也可以指定步长（step 参数），但这个时候就要求所赋值的新元素的个数与原有元素的个数相同，例如：

```
num = [88, 66, 33, 17, 99, 28, 18]
#步长为2,为第2、4、6个元素赋值
num[1: 6: 2] = [55, -55, 59.5]
print(num)
```

运行结果：

```
[88, 55, 33, -55, 99, 59.5, 18]
```

6.3.3 删除列表元素

在 Python 列表中删除元素主要分为以下 3 种场景（共 4 种函数）：
1）根据目标元素所在位置的索引进行删除，可以使用 del 关键字或 pop() 方法。
2）根据元素本身的值进行删除，可使用列表提供的 remove() 方法。
3）将列表元素全部删除，可使用列表提供的 clear() 方法。

1. del

del 是 Python 中的关键字，专门用来执行删除操作，它不仅可以删除整个列表，还可以删除列表中的某些元素。

del 删除列表中的单个元素，其语法格式为：

```
del list[index]
```

其中，list 表示列表名称，index 表示元素的索引值。

例如，定义一个保存 3 个元素的列表，删除其中的 1 个元素。示例程序如下：

```
sousuo = ["baidu","sogou","bing"]
del sousuo[0]      #删除第一个
print(sousuo)
del sousuo[1]      #删除第二个
print(sousuo)
del sousuo[-1]     #删除最后一个
print(sousuo)
```

执行结果为：

```
['sogou', 'bing']
['sogou']
[]
```

del 也可以删除中间一段连续的元素，格式为：

```
del list[start : end]
```

其中，start 表示起始索引，end 表示结束索引。del 会删除从索引 start 到 end 之间的元素，不包括 end 位置的元素。

例如，定义一个保存 5 个元素的列表，删除其中的第 2~4 个，不包括第 4 个。示例程序如下：

```
program = ["Python","HTML","PHP","CSS","MySQL"]
del program[1:3]
print(program)
```

执行结果为：

```
['Python', 'CSS', 'MySQL']
```

当然，也可以定义一个保存 5 个元素的列表，删除其中的第 2~4 个，包括第 4 个，代码如下：

```
program = ["Python","HTML","PHP","CSS","MySQL"]
del program[1:4]
print(program)
```

执行结果为：

```
['Python', 'MySQL']
```

2. pop( )

pop( )函数用于移除列表中的一个元素（默认最后一个元素），并且返回该元素的值。

pop( )方法语法如下：

```
list.pop([index=-1])
```

其中，index 为可选参数，要移除列表元素的索引值，不能超过列表总长度，默认为 -1，指删除最后一个元素。该方法返回从列表中移除的元素对象。

示例程序如下：

```
program = ["Python","HTML","PHP","CSS","MySQL"]
print(program.pop(1))
print(program)
```

运行结果如下：

```
HTML
['Python', 'PHP', 'CSS', 'MySQL']
```

3. remove( )

remove( )函数用于移除列表中某个值的第一个匹配项（必须保证该元素是存在的）。

remove( )函数的语法规则如下：

```
list.remove(obj)
```

其中，list 为列表，obj 为列表中要移除的对象。该方法没有返回值，但是会移除列表中某个值的第一个匹配项。

示例程序如下：

```
num = [88, 66, 33, 17, 66, 28, 18]
num.remove(66)   #第 1 次删除 66
```

```
print(num)
num.remove(66)    #第 2 次删除 66
print(num)
num.remove(99)    #删除 99
print(num)
```

执行结果如下:

```
D:\Python\pythonProject1\venv\Scripts\python.exe D:\Python\pythonProject1\列表.py
Traceback (most recent call last):
  File "D:\Python\pythonProject1\test.py", line 6, in <module>
    num.remove(99)   #删除 99
    ^^^^^^^^^^^^^^
ValueError: list.remove(x): x not in list
[88, 33, 17, 66, 28, 18]
[88, 33, 17, 28, 18]
```

最后一次删除,因为 99 不存在导致 ValueError 异常,所以在使用 remove() 删除元素时最好提前判断一下元素是否存在,改进后的代码如下:

```
num = [88, 66, 33, 17, 66, 28, 18]
num.remove(66)           #第 1 次删除 66
print(num)
num.remove(66)           #第 2 次删除 66
print(num)
if 99 in num:            #判断要删除的元素 99 是否存在
    num.remove(99)       #删除 99
print(num)
```

执行结果如下:

```
[88, 33, 17, 66, 28, 18]
[88, 33, 17, 28, 18]
[88, 33, 17, 28, 18]
```

4. clear()

在 Python 中,clear() 用来删除列表的所有元素,即清空列表,请看下面的代码:

```
s = ["床前明月光","疑是地上霜","举头望明月","低头思故乡"]
s.clear()
print(s)
```

运行结果:

```
[]
```

此时,列表的元素虽然被清空了,但列表还是存在的,只不过是空列表。

6.4 列表的遍历

列表的遍历有 3 种方法，分别是通过元素进行遍历、通过索引值进行遍历及通过迭代器进行遍历。通过以下程序演示 3 种遍历方式。

示例程序如下：

```
list = ['Python', 'Java', 'CSS', 'C++']
print("第1种方式是通过元素的形式")
for i in list:
    print ("序号:% s    值:% s" % (list.index(i) + 1, i))
print("第2种方式是通过索引的形式")
for i in range(len(list)):
    print ("序号:% s    值:% s" % (i + 1, list[i]))
print("第3种方式是通过迭代器 enumerate 的形式")
for i, val in enumerate(list):
    print ("序号:% s    值:% s" % (i + 1, val))
```

运行结果：

第 1 种方式是通过元素的形式
序号:1   值:Python
序号:2   值:Java
序号:3   值:CSS
序号:4   值:C++
第 2 种方式是通过索引的形式
序号:1   值:Python
序号:2   值:Java
序号:3   值:CSS
序号:4   值:C++
第 3 种方式是通过迭代器 enumerate 的形式
序号:1   值:Python
序号:2   值:Java
序号:3   值:CSS
序号:4   值:C++

6.5 列表的排序

列表的排序

列表的排序，是将元素按照某种规定进行排列。常见的有 3 种方法：sort( )、sorted( ) 和 reverse( )。

1. sort( )

Python 中的 sort( )函数，不仅用于对列表进行排序，还可以按照特定的规则进行序列排序。

sort( )函数的语法结构：

```
list.sort(key=None, reverse=False)
```

其中，list 表示一个列表；key 是用来进行比较的元素，只有一个参数；reverse 为排序规则，默认升序（False），可以指定降序（True）。

示例程序如下：

```
list_one = [6, 2, 5, 3]
print(list_one)
list_one.sort()
print(list_one)
```

运行结果：

```
[6, 2, 5, 3]
[2, 3, 5, 6]
```

sort( )函数还可以接受一个关键字参数，用于指定一个自定义的排序规则。在下面这个案例中，按照字符串长度对列表中的单词进行排序。

示例程序如下：

```
fruits = ["apple", "banana", "pear", "watermelon", "lemon"]
fruits.sort(key=len)
print(fruits)
```

运行结果：

```
['pear', 'apple', 'lemon', 'banana', 'watermelon']
```

2. sorted( )

sorted( )对所有可迭代的对象进行排序操作。

sorted( )函数的语法结构：

```
sorted(obj)
```

其中，obj 是可迭代的对象。

示例程序如下：

```
list_one = [6, 2, 5, 3]
list_two = sorted(list_one)
print(list_one)
print(list_two)
```

运行结果：

```
[6, 2, 5, 3]
[2, 3, 5, 6]
```

对 sort( ) 与 sorted( ) 函数做个比较：

1） sort( ) 是应用在列表上的方法，属于列表的成员方法，sorted( ) 可以对所有可迭代的对象进行排序操作。

2） 列表的 sort( ) 方法返回的是对已存在列表的操作结果，而内建函数 sorted( ) 返回的是一个新的列表，而不是在原来的基础上进行的操作。

3） sort( ) 的使用方法为 list.sort( )，而 sorted( ) 的使用方法为 sorted(可迭代对象)。

3. reverse( )

reverse( ) 是 Python 列表中的一个内置方法，用于反向列表中的元素。reverse( ) 方法没有返回值，但是会对列表的元素进行反向排序。

reverse( ) 的语法结构如下：

```
list.reverse()
```

示例程序如下：

```
list_one = [6, 2, 5, 3]
print(list_one)
list_one.reverse()
print(list_one)
```

运行结果：

```
[6, 2, 5, 3]
[3, 5, 2, 6]
```

【项目实施】

在这个项目中，需要定义一个空列表，然后往里面依次追加 10 个元素，作为 10 位评委的打分。通过 sort( ) 函数进行排序，排序后的分数去掉最高分和最低分，再求取剩下 8 个分数的平均分，为该选手的最终得分。

1. 项目代码

```
score_li = []                                              #评分列表
total_score = 0                                            #总分
for i in range(1,11):                                      #录入分数(10位评委)
    score = float(input(f"请第{i}位评委输入评分:\n"))
    score_li.append(score)
score_li.sort()                                            #分数由低到高排序
print(f"去掉最低分:{score_li[0]}")
print(f"去掉高低分:{score_li[len(score_li)-1]}")
score_li.remove(score_li[0])                               #去掉最低分
score_li.pop()                                             #去掉最高分
for j in score_li:
    total_score += j                                       #计算总分
print(f"选手最终得分为:{total_score/len(score_li)}")         #输出
```

2. 自我评价

大家可以先自行编写校园歌手大赛评分的程序，然后进行调试，再对照项目代码，完成自我评价，见表 6-1。

表 6-1 自我评价表

评价要素	评价标准	评价分值	自我评价得分
列表的定义	是否定义空列表	25	
列表元素的追加	append()方法的使用是否正确	25	
列表的排序	sort()函数的使用是否正确	25	
列表元素的遍历	for 循环的使用是否正确	25	

【项目总结】

本项目是歌手大赛评分。在项目实施过程中，学习了以下知识与技能：
1）掌握了列表的创建。
2）熟悉了更新列表的添加、修改和删除等 3 种方法。
3）了解了列表的 3 种遍历方式。
4）理解了列表的 3 种排序方式。

在本项目的实施中，需要注意正确使用列表的创建、追加元素、遍历、删除元素及排序等方法。

【思考与练习】

1. 判断题

1）列表是 Python 中的一种数据结构，它可以存储不同类型的数据。（　　）
2）列表的索引是从 1 开始的。（　　）
3）对于列表而言，在尾部追加元素比在中间位置插入元素速度更快一些，尤其是对于包含大量元素的列表。（　　）
4）通过 extend()方法可以将另一个列表中的元素逐一添加到列表中。（　　）
5）使用 insert()函数能向列表的末尾追加元素。（　　）

2. 单选题

1）下列代码的输出是什么？（　　）

```
b = [18, 20, 18, 22, 25]
b.remove(18)
print(b)
```

A．[18,20,22,25]
B．[20,22,25]
C．[20,18,22,25]

D. Error

2) 为空白处选择正确的选项，题目如下。（　　）

```
j = [40, 50, 60]
_____
k.remove(50)
print(j)
```

输出：
[40, 60]

A. k = j.copy()

B. k = j

C. k = j[:]

D. k = list(j)

3) 下列代码的输出是什么？（　　）

```
d = [16, 32, 48, 64]
print(d.clear())
```

A. None

B. [16,32,48,64]

C. [ ]

D. Error

4) 对一个空列表进行操作，以下哪个列表方法会返回 IndexError？（　　）

A. pop( )

B. reverse( )

C. insert( )

D. sort( )

5) 下列选项中，可以根据元素值删除的是（　　）。

A. del

B. pop( )

C. remove( )

D. delete

3. 程序设计题

1) 编写程序，实现生成一个由 1~10 的二次方组成的列表。

2) 定义两个列表，list1 = [1, 3, 5, 7]，list2 = [2, 4, 6, 8, 1, 7]，编程实现找出两个列表中的相同元素。

项目7　诗歌的规范输出

[知识目标]
1. 理解元组的存储结构。
2. 掌握元组的创建方式。
3. 了解元组与其他数据类型的区别。

[技能目标]
1. 熟练掌握元组的创建。
2. 灵活使用三种以上元组的遍历方式。

[素养目标]
1. 养成良好的编程风格。
2. 善于通过编程来解决实际问题。
3. 对优秀传统文化的学习与感悟。

【项目描述】

《长歌行》是汉乐府中的一首诗，属《相和歌辞》，是劝诫世人惜时奋进的诗篇，全文如图7-1所示。此诗主要是说时节变换得很快，光阴一去不返，因而劝人要珍惜青年时代，发奋努力，使自己有所作为。全诗以景寄情，由情入理，将"少壮不努力，老大徒伤悲"的人生哲理，寄寓于朝露易干、秋来叶落、百川东去等鲜明形象中，借助朝露易晞、花叶秋落、流水东去不归来，发出了时光易逝、生命短暂的浩叹，鼓励人们紧紧抓住随时间飞逝的生命，趁少壮年华有所作为。其情感基调是积极向上的。其主旨体现在结尾两句，但诗人的思想又不是简单地表述出来，而是从现实世界中撷取出富有美感的具体形象，寓教于审美之中。

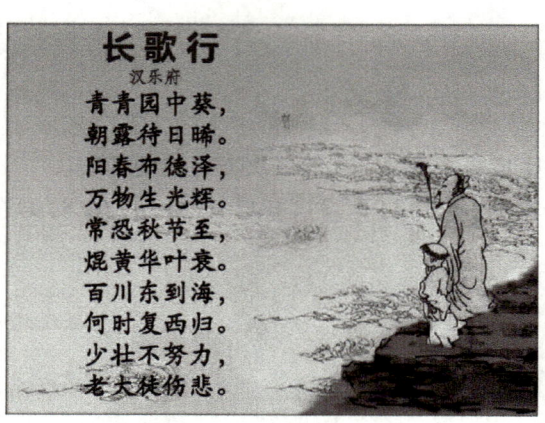

图7-1　长歌行

【项目分析】

《长歌行》属于五言律诗，本项目是要实现长歌行的规范输出，即按照我国古代诗词的标准格式，每句五个字，有仄起和平起两种基本形式，中间两联须作对仗。

【知识与技能储备】

要完成长歌行的正确书写排版，需要理解元组的创建与基本操作。

7.1 创建元组

元组（Tuple）是 Python 中另一个重要的序列结构，与列表类似，元组也是由一系列按特定顺序排序的元素组成。在 Python 中提供了两种创建元组的方法。

元组简介

7.1.1 使用圆括号直接创建

在 Python 中元组的表示方式就是使用一对圆括号"()"，通过在圆括号中用逗号将多个元素分隔开，这样就创建了一个元组。具体的格式如下：

```
tuplename = (element1, element2, …, elementn)
```

在上面的格式中，等号左边表示的是元组的名字，括号里面表示的是元组中的元素，下面看看具体的表示形式，代码如下：

```
num = (5, 12, 13, 14, 25, 1)
course = ("Python学习", "hello Python")
abc = ("Python", 14, [1, 2], ('ha', 2.0))
```

在 Python 中，元组中的元素都是使用圆括号括起来的，但其实圆括号也可以省略；在每一个元素之间要使用逗号隔开，这样 Python 就会将这种形式作为元组。例如：

```
course = "Python 教程","学习 Python"
print(course)
```

运行结果：

```
('Python 教程', '学习 Python')
```

7.1.2 使用 tuple()函数创建

Python 中存在着很多的内置函数，其中 tuple()函数可以创建元组，它本质上是一个转换函数，可以将其他的类型转换成元组，语法格式如下：

```
tuple(data)
```

参数 data 表示的就是要转换成元组的对象，可以是其他序列数据（如字符串、列表、字典等），也可以是元组本身。例如：

```
#下面是将字符串转换成元组
```

```
tup1 = tuple("hello")
print(tup1)
```

运行结果:

```
('h', 'e', 'l', 'l', 'o')
```

7.2 访问元组元素

和列表一样,可以使用索引(Index)访问元组中的某个元素(得到的是一个元素的值),也可以使用切片访问元组中的一组元素(得到的是一个新的子元组)。

使用索引访问元组元素的格式为:

```
tuplename[i]
```

其中,tuplename 表示元组名字,i 表示索引值。元组的索引可以是正数,也可以是负数。

使用切片访问元组元素的格式为:

```
tuplename[start : end : step]
```

其中,start 表示起始索引,end 表示结束索引,step 表示步长。

示例程序如下:

```
tup = tuple("长歌行:汉乐府曲题,《相和歌·平调曲》,可以长声歌唱。")
#使用索引访问元组中的某个元素
print(tup[3])                #使用正数索引
print(tup[-4])               #使用负数索引
#使用切片访问元组中的一组元素
print(tup[9: 18])            #使用正数切片
print(tup[9: 18: 3])         #指定步长
print(tup[-6: -1])           #使用负数切片
```

运行结果:

```
:
声
(',', '《', '相', '和', '歌', '·', '平', '调', '曲')
(',', '和', '平')
('以', '长', '声', '歌', '唱')
```

7.3 修改元组元素

元组是不可变序列,元组中的元素不能被修改,所以只能创建一个新的元组去替代旧的元组。
对元组进行重新赋值:

```
tup = (100, 0.5, -36, 73)
print(tup)
```

```
#对元组进行重新赋值
tup = ('Shell 脚本',"http://c.biancheng.net/shell/")
print(tup)
```

运行结果：

```
(100, 0.5, -36, 73)
('Shell 脚本', 'http://c.biancheng.net/shell/')
```

此时，"tup =('Shell 脚本',"http://c.biancheng.net/shell/")"语句表示创建新的元组，tup 已经指向了新的元组空间。

另外，还可以通过连接多个元组（使用"+"可以拼接元组）的方式向元组中添加新元素，例如：

```
tup1 = (100, 0.5, -36, 73)
tup2 = (3+12j, -54.6, 99)
print(tup1+tup2)
print(tup1)
print(tup2)
```

运行结果：

```
(100, 0.5, -36, 73, (3+12j), -54.6, 99)
(100, 0.5, -36, 73)
((3+12j), -54.6, 99)
```

使用"+"拼接元组以后，tup1 和 tup2 的内容没有发生改变，这说明生成的是一个新的元组。

7.4 删除元组元素

当创建的元组不再使用时，可以通过 del 关键字将其删除，例如：

```
tup = ('Python 教程',"http://c.biancheng.net/java/")
print(tup)
del tup
print(tup)
```

运行结果：

```
('Python 教程', 'http://c.biancheng.net/java/')
Traceback (most recent call last):
  File "D:\Python\pythonProject1\元组.py", line 4, in <module>
    print(tup)
          ^^^
NameError: name 'tup' is not defined

Process finished with exit code 1
```

删除了元组之后,再次打印元组,程序就会出现 NameError 异常,Python 解释器就会提示 "name 'tup' is not defined",证明元组 tup 已经被删除了。

Python 自带垃圾回收功能,会自动销毁不用的元组,所以一般不需要通过 del 来手动删除。

7.5 元组的遍历

在 Python 中,遍历元组的方法有很多种,下面介绍一些常用的遍历方法。

元组应用实例

1. 直接使用 for 循环遍历元组

直接使用 for 循环遍历元组,只能输出元素的值,其语法格式如下:

```
for 元组元素 in 元组:
    输出元组元素
```

示例程序如下:

```
print("Python 设计理念:")
pythonIdea = ("优雅","明确","简单")
for element in pythonIdea:
    print(element)
```

运行结果:

```
Python 设计理念:
优雅
明确
简单
```

在这个程序中,采用 for 循环的方式对元组 pythonIdea 进行了遍历,从索引为 0 的"优雅"开始,依次取出元组中的每一个元素,赋值给了 i,然后输出 i 的结果。

2. 使用 for 循环和 enumerate( ) 函数遍历元组

enumerate( ) 是 python 的内置函数,用来将一个可迭代对象转化为枚举对象,利用它可以同时获得每个元素的索引下标和值。

使用 for 循环和 enumerate( ) 函数可以实现同时输出索引值和元素,其语法格式如下。

```
for index,元组元素 in enumerate(元组):
    输出 index 和元组元素
```

示例程序如下:

```
print("Python 设计理念:")
pythonIdea = ("优雅","明确","简单")
for i, element in enumerate(pythonIdea):
    print(i, element)
```

运行结果:

```
Python 设计理念:
0 优雅
```

1 明确
2 简单

3. 使用 for 循环和 tuple( ) 函数遍历元组

通过 for 循环和 tuple( ) 函数遍历该元组，并输出每个元组元素，其语法格式如下。

```
for 元组元素 in tuple(元组):
    输出元组元素
```

示例程序如下：

```
print("Python 设计理念:")
pythonIdea = ("优雅","明确","简单")
for element in tuple(pythonIdea):
    print(element)
```

运行结果：

```
Python 设计理念:
优雅
明确
简单
```

4. 使用 for 循环和 range( ) 函数遍历元组

通过 for 循环和 range( ) 函数遍历该元组，并输出每个元组元素，其语法格式如下。

```
for 元组元素 in range(元组长度):
    输出元组元素
```

示例程序如下：

```
print("Python 设计理念:")
pythonIdea = ("优雅","明确","简单")
for i in range(len(pythonIdea)):
    print(i,pythonIdea[i])
```

运行结果：

```
Python 设计理念:
0 优雅
1 明确
2 简单
```

修改程序，也可以实现不带索引输出，示例程序如下：

```
print("Python 设计理念:")
pythonIdea = ("优雅","明确","简单")
for i in range(len(pythonIdea)):
    print(pythonIdea[i])
```

运行结果：

```
Python 设计理念：
优雅
明确
简单
```

5. 使用 for 循环和 iter( ) 函数遍历元组

在 Python 中，iter( )函数用于获取一个可迭代对象的迭代器，通过这个迭代器来遍历可迭代对象中的元素。使用 for 循环和 iter( )函数可以遍历该元组，并输出每个元组元素，其语法格式如下：

```
for 元组元素 in iter(元组)：
    输出元组元素
```

示例程序如下：

```
print("Python 设计理念:")
pythonIdea = ("优雅","明确","简单")
for element in iter(pythonIdea):
    print(element)
```

运行结果：

```
Python 设计理念：
优雅
明确
简单
```

6. 使用 while 循环遍历元组

通过 while 循环遍历元组并输出每条内容，其语法格式如下：

```
while 循环变量 < 元组的长度：
    输出元组[循环变量]
    循环变量自增 1
```

示例程序如下：

```
print("Python 设计理念:")
pythonIdea = ("优雅","明确","简单")
i = 0
while i < len(pythonIdea):
    print(pythonIdea[i])
    i = i + 1
```

运行结果：

```
Python 设计理念：
优雅
明确
简单
```

【项目实施】

定义一个元组，元组的内容是《长歌行》诗词，对元组进行遍历，取出每个元素的内容，然后按照五言律诗的格式进行输出。在输出结果的时候，要注意诗词的换行。

1. 项目代码

```
print("      长歌行")
verse = ("青青园中葵","朝露待日晞","阳春布德泽","万物生光辉","常恐秋节至","焜黄华叶衰",
"百川东到海","何时复西归","少壮不努力","老大徒伤悲"
)
for index,item in enumerate(verse):
    if index%2==0:
        print(item+",",end = "")
    else:
        print(item+"。")
```

2. 自我评价

大家可以先自行编写书写《长歌行》的程序，然后进行调试，再对照项目代码，完成自我评价，见表7-1。

表7-1 自我评价表

评价要素	评价标准	评价分值	自我评价得分
元组的定义	是否正确定义元组，《长歌行》的内容是元素	25	
元组的遍历	enumerate()函数的使用是否正确	25	
输出格式	判断语句的使用是否正确	25	
输出内容	print()的结果是否正确	25	

【项目总结】

本项目是《长歌行》的输出实现。在项目实施过程中，学习了以下知识与技能：
1）掌握了元组的创建。
2）了解了元组元素的访问方式。
3）理解了元组元素的修改与删除。
4）了解了元组的6种遍历方式。

由于元组是不可改变的，创建后不能再做任何修改操作，因此对元组的修改都是在创建新的元组基础上实现的。

在本项目的实施中，需要注意正确使用元组的遍历方式。

【思考与练习】

1. 判断题

1）元组可以使用索引来修改其内部的元素。（　　）
2）创建只包含一个元素的元组时，必须在元素后面加一个逗号，如（3,）。（　　）
3）Python 列表、元组、字符串都属于有序序列。（　　）
4）列表可以通过 tuple() 函数转换为元组。（　　）
5）Python 中可以使用索引访问元组的值。（　　）
6）已知 x =(1,2,3,4)，那么执行 x[0]= 5 之后，x 的值为(5,2,3,4)。（　　）
7）元组可以作为字典的"键"。（　　）
8）列表（list）是可变的对象，元组（tuple）是不可变的对象。（　　）
9）现在有以下代码：

```
t = (1,2.3, True,'westos')
print(t.count('westos'))##统计出现次数
```

它的结果为 1。（　　）

2. 单选题

1）请阅读下面的程序：

```
tup1 = (12,'bc',34,'cd')
tup1[1] = 23
print(tup1[3])
```

上述程序最终执行的结果为（　　）。

A. cd
B. 12
C. 34
D. 程序出现错误

2）请阅读下面的程序：

```
tup1 = (12,'bc',34)
tup2 = ('ab',23,'cd')
tup3 = tup1 + tup2
print(tup3[2])
```

上述程序最终执行的结果为（　　）。

A. bc
B. 12
C. 34
D. ab

3）以下关于元组的描述正确的是（　　）。

A. 创建空元组 tup：tup = ()；

B. 创建含一个元素的元组 tup：tup =（50）；
C. 元组中的元素允许被修改
D. 元组中的元素允许被删除

4）现有元组变量 t=('cat','dog','tiger','human')，t[::-1] 的结果是（　　）。
A. {'human','tiger','dog','cat'}
B. ['human','tiger','dog','cat']
C. 运行出错
D. ('human','tiger','dog','cat')

5）关于元组的说法，下面错误的是（　　）。
A. Python 的元组与列表类似，不同之处在于元组的元素不能修改
B. 元组使用小括号，列表使用方括号
C. 元组创建很简单，只需要在括号中添加元素，并使用逗号隔开即可
D. 元组中只包含一个元素时，不需要在元素后面添加逗号

6）关于元组的说法，下面错误的是（　　）。
A. 元组中只包含一个元素时，需要在元素后面添加逗号
B. 可以使用下标索引来访问元组中的值
C. 与列表一样，元组中的元素值也是允许修改的
D. 元组与字符串类似，下标索引从 0 开始，可以进行截取或组合等。

7）关于元组的说法，下面错误的是（　　）。
A. 元组中的元素值是不允许修改的，但可以对元组进行连接组合
B. 元组中的元素值是不允许删除的，但可以使用 del 语句来删除整个元组
C. 与字符串一样，元组之间可以使用"+"和"*"进行运算
D. 因为元组也是一个序列，所以可以访问元组中指定位置的元素，但是不可以截取索引中的一段元素

8）关于元组的说法，下面错误的是（　　）。
A. cmp(tuple1,tuple2) 比较两个元组元素
B. len(tuple) 计算元组元素个数
C. max(tuple) 返回元组中元素最小值
D. tuple(seq) 将列表转换为元组

9）有以下代码 L = ('spam','Spam','SPAM!')，下面不正确的是（　　）。
A. L[2] 读取第 3 个元素 'SPAM!'
B. L[-2] 反向读取，读取倒数第 2 个元素 'Spam'
C. L[1:] 截取后 2 个元素（'Spam','SPAM!'）
D. L[0：1] 截取中间的第 2 个元素（'Spam',）

10）关于元组的运算，下面正确的是（　　）。
A. len((1,2,3))结果是 5
B. (1,2,3) + (4,5,6)结果是(5,7,9)
C. ('Hi!',) * 4 结果是 ('Hi!','Hi!','Hi!','Hi!')
D. 3 in(1,2,3)结果提示出错

项目 8　校友通讯录

[知识目标]
1. 了解字典的存储结构。
2. 理解字典与其他数据类型的区别。
3. 掌握字典中"键值对"的基本含义。

[技能目标]
1. 熟练掌握字典的定义。
2. 实现字典的访问与删除。
3. 掌握两种以上字典的遍历方式。

[素养目标]
1. 养成良好的编程风格。
2. 善于通过编程来解决实际问题。
3. 增加校友意识，加强交流与沟通能力。

【项目描述】

校友，也称同窗或同学，一般是指学校师生对本校毕业生的称呼，有时也包括曾在本校任教或研究的人员。高校培育人才是持续不断的人力资源、物力资源和精神文化资源投入的过程。校友能进入高校学习是一种机遇和荣誉。母校为社会培养大批人才，甚至很多人才走上领导岗位，这是母校的荣誉。同时，校友应对母校对自己的栽培心怀感激，主动履行"反哺"义务。

为了更好地联系校友，增进彼此之间的感情，建立一个校友通讯录显得尤为重要。通讯录是指存储联系人信息的一种电子化工具，通常包括姓名、电话号码、电子邮件地址等联系方式。通讯录的作用是方便用户快速查找和联系到自己的朋友、家人、同事等，同时也可以帮助用户管理自己的联系人信息，避免因为遗忘或丢失而导致联系人信息丢失的情况。

随着智能手机的普及，通讯录也越来越智能化，例如，自动识别电话号码、自动添加联系人等功能为用户带来更加便捷的使用体验。总之，通讯录是一种方便快捷的联系人管理工具，可以帮助用户更好地管理和查找自己的联系人信息，提高生活和工作效率。

```
====================
欢迎使用校友通讯录：
1.添加联系人
2.查看通讯录
3.删除联系人
4.修改联系人信息
5.查找联系人
6.退出
====================
请输入功能序号：
```

图 8-1　校友通讯录功能截图

【项目分析】

校友通讯录以字典的形式实现对信息的存储与读取，存放的是校友的信息，可以进行添加、删除、修改、查找等一些常见的功能。主界面如图 8-1 所示。

【知识与技能储备】

为了实现校友通讯录，需要了解字典这种数据形式，并在此基础上通过字典的形式存储校友的信息，通过字典的内置函数实现通讯录的操作。

8.1 认识字典

Python 字典（Dict）是一种无序的、可变的序列，它的元素以"键值对"（key-value）的形式存储。相对的，列表（List）和元组（Tuple）都是有序的序列，它们的元素在底层是有序存放的。

字典类型是 Python 中唯一的映射类型。"映射"是数学中的术语，简单理解，它指的是元素之间相互对应的关系，即通过一个元素，可以找到唯一的另一个元素，如图 8-2 所示。

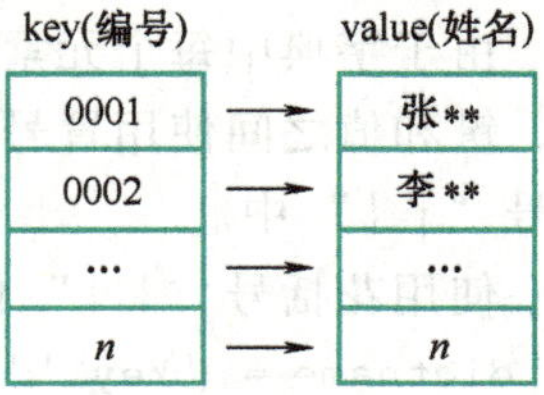

字典中，习惯将各元素对应的索引称为键（key），各个键对应的元素称为值（value），键及其关联的值称为"键值对"。

图 8-2 映射关系示意图

字典类型很像学生时代常用的新华字典。通过新华字典中的音节表，可以快速找到想要查找的汉字。其中，字典里的音节表就相当于字典类型中的键，而键对应的汉字则相当于值。

总的来说，字典类型所具有的主要特征如表 8-1 所示。

表 8-1 Python 字典特征

主要特征	解释
通过键而不是通过索引来读取元素	字典类型有时也称为关联数组或散列表（Hash）。它是通过键将一系列的值联系起来的，这样可以通过键从字典中获取指定项，但不能通过索引来获取
字典是任意数据类型的无序集合	和列表、元组不同，它们通常会将索引值 0 对应的元素称为第一个元素，而字典中的元素是无序的
字典是可变的，并且可以任意嵌套	字典可以在原处增长或缩短（无需生成副本），并且它支持任意深度的嵌套，即字典存储的值也可以是列表或其他的字典
字典中的键必须唯一	字典中不支持同一个键出现多次，否则只会保留最后一个键值对
字典中的键必须不可变	字典中每个键值对的键是不可变的，只能使用数字、字符串或元组，不能使用列表

Python 中的字典类型相当于 Java 或 C++中的 map 对象。

与列表、元组一样，字典也有它自己的类型。Python 中，字典的数据类型为 dict，通过 type()函数即可查看：

```
dict = {'one': 1,'two': 2,'three': 3}   #dict是一个字典类型
print(type(dict))
```

运行结果:

```
<class 'dict'>
```

8.2 创建字典

创建字典的方式有很多,有花括号、fromkeys()、dict()共 3 种常见的方式。

创建和访问字典

8.2.1 使用花括号创建字典

由于字典中每个元素都包含两部分,分别是键(key)和值(value),因此在创建字典时,键和值之间使用冒号":"分隔,相邻元素之间使用逗号","分隔,所有元素放在花括号"{ }"中。

使用花括号"{ }"创建字典的语法格式如下:

```
dictname = {'key1':'value1', 'key2':'value2',…,'keyn':'valuen'}
```

其中,dictname 表示字典变量名,'keyn':'valuen'表示各个元素的键值对。需要注意的是,同一字典中的各个键必须唯一,不能重复。

示例程序如下:

```
#使用字符串作为 key
scores = {'数学': 95, '英语': 92, '语文': 84}
print(scores)
#使用元组和数字作为 key
dict1 = {(20, 30):'great', 30:[1,2,3]}
print(dict1)
#创建空字典
dict2 = {}
print(dict2)
```

运行结果:

```
{'数学': 95, '英语': 92, '语文': 84}
{(20, 30): 'great', 30: [1, 2, 3]}
{}
```

可以看到,字典的键可以是整数、字符串或元组,只要符合唯一和不可变的特性就行;字典的值可以是 Python 支持的任意数据类型。

8.2.2 通过 fromkeys( )方法创建字典

Python 中,还可以使用字典类型(dict)提供的 fromkeys()方法创建带有默认值的字典,具体格式为:

```
dictname = dict.fromkeys(list,value=None)
```

其中,list 参数表示字典中所有键的列表(List);value 参数表示默认值,如果不写,则为空值（None）。示例程序如下：

```
knowledge = ['语文','数学','英语']
scores = dict.fromkeys(knowledge, 60)
print(scores)
```

运行结果：

```
{'语文': 60, '数学': 60, '英语': 60}
```

可以看到，knowledge 列表中的元素全部作为 scores 字典的键，而各个键对应的值都是 60。这种创建方式通常用于初始化字典，设置 value 的默认值。

8.2.3 通过 dict( )方法创建字典

通过 dict( )方法创建字典的写法有多种，以创建同一个字典 a 为例，几种常见格式见表 8-2。

表 8-2 dict( )函数创建字典

创建格式	注意事项
a = dict(str1=value1, str2=value2, str3=value3)	str 表示字符串类型的键，value 表示键对应的值。使用此方式创建字典时，字符串不能带引号

#方式1
demo = [('two',2), ('one',1), ('three',3)]
#方式2
demo = [['two',2], ['one',1], ['three',3]]
#方式3
demo = (('two',2), ('one',1), ('three',3))
#方式4
demo = (['two',2], ['one',1], ['three',3])
a = dict(demo)
	向 dict( )函数传入列表或元组，而它们中的元素又分别是包含两个元素的列表或元组，其中第一个元素作为键，第二个元素作为值

keys = ['one','two','three'] #还可以是字符串或元组
values = [1, 2, 3] #还可以是字符串或元组
a = dict(zip(keys, values))
	通过应用 dict( )函数和 zip( )函数，可将前两个列表转换为对应的字典

注意，无论采用以上哪种方式创建字典，字典中各元素的键都只能是字符串、元组或数字，不能是列表。列表是可变的，不能作为键。

如果不为 dict( )函数传入任何参数，则代表创建一个空的字典，例如：

```
# 创建空的字典
d = dict()
print(d)
```

运行结果：

```
{}
```

8.3 访问字典

列表和元组是通过下标来访问元素的，而字典不同，它通过键来访问对应的值。因为字典中的元素是无序的，每个元素的位置都不固定，所以字典也不能像列表和元组那样采用切片的方式一次性访问多个元素。

Python 访问字典元素的具体格式为：

```
dictname[key]
```

其中，dictname 表示字典变量的名字，key 表示键名。注意，键必须是存在的，否则会抛出异常。

请看下面的例子：

```python
tup = (['two',26], ['one',88], ['three',100], ['four',-59])
dic = dict(tup)
print(dic['one'])      #键存在
print(dic['five'])     #键不存在
```

运行结果：

```
88
Traceback (most recent call last):
  File "D:\Python\pythonProject1\字典.py", line 4, in <module>
    print(dic['five'])   #键不存在
          ~~~^^^^^^^^
KeyError: 'five'

Process finished with exit code 1
```

除了上面这种方式外，Python 更推荐使用 dict 类型提供的 get() 方法来获取指定键对应的值。当指定的键不存在时，get() 方法不会抛出异常。

get() 方法的语法格式为：

```
dictname.get(key[,default])
```

其中，dictname 表示字典变量的名字；key 表示指定的键；default 用于指定要查询的键不存在时，此方法返回的默认值，如果不手动指定，会返回 None。

示例程序如下：

```python
a = dict(two=0.65, one=88, three=100, four=-59)
print(a.get('one'))
```

运行结果：

```
88
```

注意，当键不存在时，get() 返回空值（None），如果想明确提示用户该键不存在，那么可以手动设置 get() 的第 2 个参数，例如：

```
a = dict(two=0.65, one=88, three=100, four=-59)
print( a.get('five', '该键不存在') )
```

运行结果：

该键不存在

8.4 删除字典

与删除列表、元组一样，手动删除字典也可以使用 del 关键字，例如：

```
a = dict(two=0.65, one=88, three=100, four=-59)
print(a)
del a
print(a)
```

运行结果：

```
{'two': 0.65, 'one': 88, 'three': 100, 'four': -59}
Traceback (most recent call last):
  File "D:\Python\pythonProject1\字典.py", line 4, in <module>
    print(a)
          ^
NameError: name 'a' is not defined
```

在删除字典后，再次打印字典，就出现了"NameError"的异常，这就说明字典已经删除成功了。Python 自带垃圾回收功能，会自动销毁不用的字典，所以一般不需要通过 del 来手动删除。

8.5 字典的遍历

遍历字典是 Python 中常见的操作，通过遍历可以访问字典中的键和值。常见的字典遍历有 5 种方式。

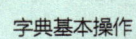

字典基本操作

8.5.1 for 循环遍历字典

使用 for 循环是最常见的遍历字典的方法。通过 for 循环可以遍历字典的键、值或键值对。这种方法常用于查找、过滤或转换字典中的数据。

示例程序如下：

```
# 创建一个示例字典
student_tel = {"章军涛":1342323, "何平":1356723, "成语":1357654, "王舒平": 1367656}
```

```
# 遍历字典的键
for name in student_tel:
    print(name)
# 遍历字典的值
for telephone in student_tel.values():
    print(telephone)
# 遍历字典的键值对
for name, grade in student_tel.items():
    print(f"{name}: {telephone}")
```

运行结果：

```
章军涛
何平
成语
王舒平
1342323
1356723
1357654
1367656
章军涛：1342323
何平：1356723
成语：1357654
王舒平：1367656
```

8.5.2　items( )方法遍历字典

使用 items( )方法可以一次性获取字典中的键值对。

示例程序如下：

```
# 创建一个示例字典
student_tel = {"章军涛": 1342323, "何平": 1356723, "成语": 1357654, "王舒平": 1367656}
# 使用 items()方法遍历字典
for name, telephone in student_tel.items():
    print(f"{name}: {telephone}")
```

运行结果：

```
章军涛：1342323
何平：1356723
成语：1357654
王舒平：1367656
```

8.5.3 使用 keys( )和 values( )遍历字典

使用 keys( )方法可以获取字典中的键，使用 values( )方法可以获取字典中的值。
示例程序如下：

```python
# 创建一个示例字典
student_tel = {"章军涛": 1342323, "何平": 1356723, "成语": 1357654, "王舒平": 1367656}
# 使用 keys()方法遍历字典的键
for name in student_tel.keys() :
    print (name)
# 使用 values ( ) 方法遍历字典的值
for telephone in student_ tel.values() :
    print (telephone)
```

运行结果：

```
章军涛
何平
成语
王舒平
1342323
1356723
1357654
1367656
```

8.5.4 字典推导式

字典推导式是一种紧凑的方式，用来创建新的字典或从现有字典生成新的字典。可以在字典推导式中遍历原字典的键和值，并根据条件创建新的键值对。

字典应用实例

示例程序如下：

```python
# 创建一个示例字典
student_address = {"章军涛":"浙江","何平":"浙江","成语":"山东","王舒平":"湖南"}
# 使用字典推导式创建新字典,只包含居住地在浙江的学生
zhejiang_students = {name: address for name, address in student_address.items() if address == "浙江"}
print(zhejiang_students)
```

运行结果：

{'章军涛': '浙江', '何平': '浙江'}

在这个程序中，使用字典推导式创建了一个新的字典 zhejiang_students，其中包含居住地在浙江的学生。

8.5.5 使用 enumerate( )函数遍历字典

```
# 创建一个示例字典
student_tel = {"章军涛":1342323,"何平":1356723,"成语":1357654,"王舒平":1367656}
# 使用enumerate()函数遍历字典的键和值
for index, (name, telephone) in enumerate(student_tel.items()):
    print(f"学生#{index+1}:{name}-电话:{telephone}")
```

运行结果:

```
学生#1:章军涛-电话:1342323
学生#2:何平-电话:1356723
学生#3:成语-电话:1357654
学生#4:王舒平-电话:1367656
```

【项目实施】

这个项目主要考查大家对字典的掌握情况,创建校友通讯录关键是字典的操作。首先需要定义一个空字典,用于存放通讯录的信息,包括姓名与电话。添加联系人是字典元素的追加,查看通讯录是字典元素的遍历,删除联系人是字典元素的删除,修改联系人信息是字典元素的内容修改,查找联系人是字典元素的遍历。

1. 项目代码

```
print('=' * 20)
print("欢迎使用校友通讯录:")
print('1.添加联系人')
print('2.查看通讯录')
print('3.删除联系人')
print('4.修改联系人信息')
print('5.查找联系人')
print('6.退出')
print('=' * 20)
d = {}
while True:
    choic = input('请输入功能序号:')
    # 添加联系人
    if choic == '1':
        name1 = input('请输入联系人姓名:')
        num = input('请输入电话号码:')
        d[name1] = num
    # 查看通讯录
    elif choic == '2':
```

```python
    # 判断字典d是否为空,下同
    if bool(d):
        print(d)
    else:
        print('通讯录为空,请先添加联系人')
# 删除联系人
elif choic == '3':
    if bool(d):
        name3 = input('请输入要删除的联系人姓名:')
        d.pop(name3)
    else:
        print('通讯录为空,请先添加联系人')
# 修改联系人信息
elif choic == '4':
    if bool(d):
        print("8.修改联系人姓名 9.修改联系人电话号码")
        choic4 = input("请输入修改功能序号:")
        name4_1 = input('请输入原联系人姓名:')
        if choic4 == '8':
            while 1:
                name4_2 = input('请输入修改后联系人姓名:')
                if name4_2 in d:
                    print('联系人姓名已存在')
                else:
                    d[name4_2] = d[name4_1]
                    d.pop(name4_1)
                    break
        elif choic4 == '9':
            d[name4_1] = input('请输入修改后的电话号码:')
    else:
        print('通讯录为空,请先添加联系人')
# 按联系人姓名查找联系人信息
elif choic == '5':
    if bool(d):
        name5 = input("请输入要查找的联系人:")
        if name5 in d:
            print('联系人:{0},电话号码:{1}'.format(name5, d[name5]))
        else:
            print('通讯录中没有该联系人')
    else:
        print('通讯录为空,请先添加联系人')
# 退出
```

```
    elif choic == '6':
        print('bye~')
        break
    print('操作成功')
print('已退出应用')
```

2. 自我评价

大家可以先自行编写校友通讯录的程序，然后进行调试，再对照项目代码，完成自我评价，见表 8-3。

表 8-3　自我评价表

评价要素	评价标准	评价分值	自我评价得分
主界面的设计	界面设计是否美观	10	
字典定义	定义空字典是否正确	5	
添加联系人	联系人添加是否成功	15	
查看通讯录	通讯录信息显示是否正确	15	
删除联系人	是否可以成功删除	15	
修改联系人信息	是否可以成功修改	15	
查找联系人	是否可以成功查找	15	
退出	是否结束程序	10	

【项目总结】

本项目是校友通讯录的设计。在项目实施过程中，学习了以下知识与技能：

1）字典的存储结构，字典是另一种可变容器模型，且可存储任意类型的对象。

2）字典的存储形式，字典每个键值对（key：value）中的"键"和"值"，用冒号"："分割，每个键值对之间用逗号"，"分割，整个字典包括在花括号"{}"中。

3）字典的基本操作，访问字典元素是把相应的键放入方括号中；向字典添加新内容的方法是增加新的键值对；修改或删除已有键值对；删除字典元素能删除单一的元素也能清空字典。

在本项目的开发中，要着重把握字典的创建方式与遍历方式。

【思考与练习】

1. 判断题

1）列表可以作为字典的"键"。（　　）

2）字典是通过索引来查找某个元素的。（　　）

3）字典中的"键"是任意类型、可重复的。（　　）

4）字典中每个元素是由两个部分组成的，分别为"键"和"值"。（　　）

5）clear()方法用于清空字典中的数据。（　　）

2. 单选题

1）下列方法中，能够获取字典中所有元素的是（　　）。

A. keys()

B. values()

C. items()

D. item()

2）请看下面的一段程序：

```
info = {1:'小明',2:'小黄',3:'小兰'}
name = info.get(4,'小红')
name2 = info.get(1)
print(name,name2)
```

运行程序，最终输出的结果为（　　）。

A. 小红　小黄

B. 小红　小明

C. 小黄　小明

D. 小兰　小明

3）下列选项中，用于获取字典key的方法是（　　）。

A. keys()

B. values()

C. items()

D. elem()

4）下面代码的输出结果为（　　）。

```
d= {'a': 1, 'b': 2, 'b':'3'}
print(d['b'])
```

A. 1

B. 2

C. {'b': 2}

D. 3

5）以下关于字典描述错误的是（　　）。

A. 字典是一种可变容器，可存储任意类型对象

B. 每个键值对都用冒号（:）隔开，每个键值对之间用逗号（,）隔开

C. 键值对中，"值"必须唯一

D. 键值对中，"键"必须是不可变的

项目 9　社团名单统计

[知识目标]
1. 了解集合的数据结构。
2. 理解集合与其他数据类型的区别。
3. 理解集合的数学运算。

[技能目标]
1. 掌握集合的创建方式。
2. 学会使用集合元素的添加与删除操作。
3. 掌握集合的几种运算方式。

[素养目标]
1. 养成良好的编程风格。
2. 善于通过编程来解决实际问题。
3. 热爱校园文化，积极投身于集体活动。

【项目描述】

学生社团是指学生在自愿基础上形成的各种群众性文化、艺术、学术团体，不受年级、学院甚至学校的限制，由兴趣爱好相近的同学组成。在保证学生完成学习任务且不影响学校正常教学秩序的前提下，这些社团开展各种活动。其目的是活跃学校学习氛围，提高学生自治能力，丰富课余生活；同时交流思想，切磋技艺，互相启迪，增进友谊。学生社团种类很多，如各种学术或社会问题研究会、文艺社、棋艺社、影视评论社、摄影社、美工社、篆刻社、歌咏队、剧团、篮球队、足球队、信息社、动漫社等。

【项目分析】

一般来说，一名同学可以根据自己的兴趣爱好报名参加多个社团。社团在报名结束后会统计参加的学生人数及名单。那么如何做好这方面的统计工作呢？可以使用 Python 中集合的操作来实现这个功能。

【知识与技能储备】

要实现社团名单统计项目，需要了解如何创建一个集合，集合的基本操作及集合的运算。

9.1　认识集合

Python 中的集合（set）与数学中的集合概念类似，同样用于保存不重复的元素。它有可变集合（set）和不可变集合（frozenset）两种。其中，本书所要介绍的集合是无序可变序列。

在形式上，集合的所有元素都放在一对花括号"{}"中，两个相邻元素间使用逗号","分隔。集合的主要应用是去重，因为集合中的每个元素都是唯一的。这与字典类似，字典也是放在"{}"中，不同的是，字典在"{}"中存储的是键值对，而集合中每一个元素都是独立存在的。

集合在数学中的定义是：由一个或多个确定的元素所构成的整体。

集合最常用的操作包括创建集合，进行集合元素的添加、删除等基本操作，以及集合的运算，如求交集、并集和差集等。

9.2 创建集合

集合的创建有两种方法：直接赋值法和 set() 函数法。

9.2.1 直接赋值法

和 Python 的其他序列一样，采用直接赋值法就可以直接创建一个集合，具体语法格式如下：

```
setname = {"element1","element2","element3",…,"elementn"}
```

从格式上看，与其他的序列创建方法基本一样，就是集合名 setname 直接使用赋值运算符等号"="赋值，等号后面的元素内容使用英文半角的花括号"{}"括起来，各个元素之间依然使用英文半角的逗号","分隔。

集合和字典一样使用花括号"{}"，但是字典的元素是键值对，而集合的元素只是普通的类型。

下面这行语句创建一个单元素集合。

```
s1 = {1}
```

下面这行语句创建一个多元素集合，集合中的元素可以是整数、字符串及其他序列数据类型。

```
s2 = {1,'b', (2,5)}
```

值得注意的是，Python 的集合（Set）本身是可变类型，但 Python 要求放入集合中的元素必须是不可变类型。

9.2.2 set() 函数法

没有内容的花括号"{}"可以创建一个空字典，如 dict={}。创建空集合就不能采用这样的方法了，Python 中创建空集合则使用 set() 函数来操作。

例如，setname = set()，就是创建了一个没有元素的空集合。

使用set()函数不但能创建空集合，还能将列表和元组直接转换为集合。

例如，s3 = set([1,2,3])，就是传入一个列表作为参数，创建了一个集合，s3 的结果是{1, 2, 3}。又例如，s4 = set((1,2,3))，传入一个元组作为参数，创建了一个集合，s4 的结果是{1, 2, 3}。

上面两个案例就是将列表和元组直接转换成了集合。可以看出，set()函数创建集合相对快捷，所以在 Python 中创建集合时，一般优先选择 set()函数法。

9.3 集合元素的添加与删除

9.3.1 向集合中添加元素

Python 给出了使用 add()函数直接向集合中添加元素的方法，它的语法格式为：
```
setname.add()
```
示例程序如下：

```
s1={'P','y','t','h','o'}
s1.add('n')
print(s1)
```

运行结果：

```
{'o','n','y','h','P','t'}
```

有读者可能会感到疑惑，为什么运行结果不是{'P','y','t','h','o','n'}。如前文所述，集合是无序的，也就是说集合的每次输出结果中其元素都是随机排列的。这个程序多次运行，结果都是不一样的。

9.3.2 删除集合指定元素

使用 remove()方法可以删除集合中指定元素，并且提前判断集合中是否存在该元素，也能防止代码出错。它的语法格式如下：
```
setname.remove()
```
例如：

```
s1={'P','y','t','h','o','n'}
s1.remove('n')
print(s1)
```

运行结果：

```
{'y','P','t','h','o'}
```

这就意味着，在集合 s1 中，"n"这个元素已经被删除了。

9.3.3 随机删除集合元素

在 Python 中，还提供了一个随机删除任意一个集合元素的方法，就是使用 pop()，它的语法格式如下：

```
setname.pop()
```

例如：

```
s1={'P','y','t','h','o','n'}
s1.pop()
print(s1)
```

运行结果：

```
{'o','h','n','y','t'}
```

也可能为：

```
{'n','o','t','P','h'}
```

pop()方法就是随机删除集合中一个元素，究竟是删除哪个元素，那就有很多种可能性了。

9.3.4 清除集合所有元素

清除集合所有元素是指将集合转变为空集合，而不是删除集合本身，可以使用 clear() 方法，其语法格式如下：

```
setname.clear()
```

例如：

```
s1={'P','y','t','h','o','n'}
s1.clear()
print(s1)
```

运行结果：

```
set()
```

9.3.5 删除集合本身

删除集合本身，就是指直接删除集合，这就意味着集合也不存在了，使用的方法是 del()，语法格式如下：

```
del setname()
```

例如：

```
s1={'P','y','t','h','o','n'}
del s1
print(s1)
```

运行结果就会报出"name 's1' is not defined"的错误，这就意味着集合 s1 在经过 del 关键字的删除操作后已经不存在了，如果要输出其结果，则会提示 s1 未被定义，同时也说明前面的删除操作是成功的。

9.4 集合的运算

Python 集合可以进行求交集、并集、差集和补集的运算。这些运算既可以通过集合的函数进行，也可以通过运算符进行。

某学校有两个班级，班级 A 需要学习大学语文、英语、高等数学、Python 程序设计、数据采集与分析，班级 B 需要学习大学语文、英语、高等数学、Java 程序设计、Android 多媒体编程。

可以直接看出班级 A 和班级 B 的交集为大学语文、英语、高等数学，并集为大学语文、英语、高等数学、Python 程序设计、数据采集与分析、Java 程序设计、Android 多媒体编程，差集为物理、化学和生物。

那么怎么使用 Python 去完成这些运算？先定义两个集合。

```
Set_A = {'大学语文','英语','高等数学','Python 程序设计','数据采集与分析'}
Set_B = {'大学语文','英语','高等数学','Java 程序设计','Android 多媒体编程'}
```

9.4.1 交集运算

交集运算是求取包含两个集合中都有的元素的新集合。
1）方法 1——使用 "&" 运算符。例如：

```
print(Set_A & Set_B)
```

结果为

```
{'高等数学', '英语', '大学语文'}
```

2）方法 2——使用 intersection()方法，语法格式是 setname1.intersection(setname2)。例如：

```
print(Set_A.intersection(Set_B))
```

结果为：

```
{'高等数学', '英语', '大学语文'}
```

因为是求交集，因此 Set_A 和 Set_B 的位置调换依然不影响结果。

9.4.2 并集运算

并集运算是求取包含两个集合中所有元素的新集合。
1）方法 1——使用 "|" 运算符。例如：

```
print(Set_A | Set_B)
```

结果为：

```
{'数据采集与分析', '英语', 'Android 多媒体编程', 'Python 程序设计', '大学语文', '高等数学', 'Java 程序设计'}
```

2) 方法 2——使用 union( )方法，语法格式是 setname1.union(setname2)。例如：

```
print(Set_A.union(Set_B))
```

结果为：

{'数据采集与分析','英语',' Android 多媒体编程',' Python 程序设计','大学语文','高等数学',' Java 程序设计'}

同样是求并集，Set_A 和 Set_B 的位置调换依然不影响结果。

9.4.3　差集运算

差集是求取出现在一个集合中但不出现在另外一个集合中的元素的新集合。
1) 方法 1——使用 "-" 运算符。例如：

```
print(Set_A-Set_B)
```

结果为：

{'数据采集与分析','Python 程序设计'}

2) 方法 2——使用 difference( )方法，语法格式是 setname1.difference（setname2)。例如：

```
print(Set_A.difference(Set_B))
```

结果为：

{'数据采集与分析','Python 程序设计'}

在进行差集运算的时候，Set_A 和 Set_B 的位置调换会导致结果截然不同。例如，进行下面运算：

```
print(Set_B.difference(Set_A))
```

结果为：

{'Android 多媒体编程','Java 程序设计'}

因为是求差集，因此差集的结果就是在前面集合中出现，后面集合中不出现的元素的集合。

9.4.4　补集运算

补集是求取一个除了共同元素之外的所有元素的集合。
1) 方法 1——使用 "^" 运算符。例如：

```
print(Set_A^Set_B)
```

结果为

{'Android 多媒体编程','Java 程序设计','Python 程序设计','数据采集与分析'}

2) 方法 2——使用 symmetric_difference( )方法，语法格式是 setname1.symmetric_difference(setname2)。例如：

```
print(Set_A.symmetric_difference(Set_B))
```

结果为：

{'Android 多媒体编程', 'Java 程序设计', 'Python 程序设计', '数据采集与分析'}

同样是求补集，Set_A 和 Set_B 的位置调换依然不影响结果。

9.4.5 判断子集运算

判断子集是一个集合中的所有元素是否都存在于指定集合中，如果是将返回 True，否则返回 False。

1) 方法 1——使用 "<" 运算符。例如：

```
print(Set_A < Set_B)
```

结果为：

```
False
```

2) 方法 2——使用 issubset( )方法，语法格式是 setname1.issubset(setname2)。例如：

```
print(Set_A.issubset(Set_B))
```

结果为

```
False
```

现在对集合的几种运算方式做个总结，内容见表 9-1。

表 9-1 集合运算

运算	方法	运算符	示例	结果	说明
交集	intersection( )	&	Set_A.intersection(Set_B)	{'高等数学', '英语', '大学语文'}	交集是只包含两个集合中都有的元素的新集合
并集	union( )	|	Set_A.union(Set_B)	{'数据采集与分析', '英语', 'Android 多媒体编程', 'Python 程序设计', '大学语文', '高等数学', 'Java 程序设计'}	并集是包含两个集合中所有元素的新集合
差集	difference( )	-	Set_A.difference(Set_B)	{'数据采集与分析', 'Python 程序设计'}	差集是出现在 Set_A 中但不出现在 Set_B 中的元素的新集合
补集	symmetric_difference( )	^	Set_A.symmetric_difference(Set_B)	{'Android 多媒体编程', 'Java 程序设计', 'Python 程序设计', '数据采集与分析'}	补集是除了共同元素之外的所有元素的新集合
判断子集运算	issubset( )	<	Set_A.issubset(Set_B)	False	判断子集运算是判断一个集合中的所有元素是否都存在于指定集合中

【项目实施】

参加音乐社团的同学名单如下：谢湖慧、张芳坚、陈冠廷、汤筠霞、骆文馨、江淑玲、丁俊毅、黄台育、胡钰雯；参加舞蹈社团的同学名单如下：陈俊铭、张芳坚、叶静宜、洪思贤、江淑玲、邓仪绍、林兰瑄、王嘉琪、胡钰雯、陈俊全。

现在要对两个社团的名单进行统计，得出如下名单：参加两个社团的全部同学、既参加音乐社团又参加舞蹈社团的同学、只参加其中一个社团的同学、只参加音乐社团的同学、只参加舞蹈社团的同学。

根据前面所学的集合运算，可以分析得出：统计参加两个社团的全部同学采用并集运算，既参加音乐社团又参加舞蹈社团的同学采用交集运算，只参加其中一个社团的同学采用补集运算，只参加音乐社团的同学、只参加舞蹈社团的同学则采用差集运算。

1. 项目代码

```
#创建多个集合,存放不同社团同学报名的情况
音乐社团 = {'谢湖慧','张芳坚','陈冠廷','汤筠霞','骆文馨','江淑玲','丁俊毅','黄台育','胡钰雯'}
舞蹈社团 = {'陈俊铭','张芳坚','叶静宜','洪思贤','江淑玲','邓仪绍','林兰瑄','王嘉琪','胡钰雯','陈俊全'}
print('参加音乐社团、舞蹈社团的全部同学:', 音乐社团 |舞蹈社团)
print('既参加音乐社团又参加舞蹈社团的同学:', 音乐社团 & 舞蹈社团)
print('只参加其中一个社团的同学:', 音乐社团^舞蹈社团)
print('只参加音乐社团的同学:', 音乐社团-舞蹈社团)
print('只参加舞蹈社团的同学:',舞蹈社团-音乐社团)
```

2. 自我评价

大家可以先自行编写社团名单统计的程序，然后进行调试，再对照项目代码，完成自我评价，见表9-2。

表9-2 自我评价表

评价要素	评价标准	评价分值	自我评价得分
集合的创建	两个集合是否创建成功	20	
交集运算	"&"或 intersection() 使用是否正确	20	
并集运算	"|"或 union() 函数使用是否正确	20	
差集运算	"-"或 difference() 使用是否正确	20	
补集运算	"^"或 symmetric_difference() 使用是否正确	20	

【项目总结】

本项目是实现社团名单统计。在项目实施过程中，学习了以下知识与技能：

1) 了解了集合的数据结构。Python集合（Set）是一种无序且不重复的数据结构。

2）掌握了集合的创建方式，通过直接赋值法或 set( )函数法两种方式进行创建。

3）学会了集合元素的添加与删除。

4）掌握了集合的数学运算，如并集、交集、差集和补集等。

在本项目的实施中，需要着重把握集合的数学运算。

【思考与练习】

1. 判断题

1）可以删除集合中指定位置的元素。（　　）

2）集合可以作为列表的元素。（　　）

3）set(x)可以用于生成集合，输入的参数可以是任何组合的数据类型，返回结果是一个无重复且有序的集合。（　　）

4）集合 s.add(x)表示将元素 x 添加到集合 s 中，如果元素已存在，则不进行任何操作。（　　）

5）集合 s.update(x)可以添加元素，且参数可以是列表、元组、字典等。（　　）

6）集合 s.remove(x)表示将元素 x 从集合 s 中移除，如果元素不存在，不会发生错误，它不会执行移除操作。（　　）

7）集合 s.discard(x)表示将元素 x 从集合 s 中移除，如果元素不存在，不会发生错误。（　　）

8）集合可以使用索引访问。（　　）

9）空集合只能用 set( )函数创建。（　　）

10）现有集合 s={1,1,2,2}，此时集合 s 的长度为 2。（　　）

2. 单选题

1）如下表达式，正确定义了一个集合数据对象的是（　　）。

A. x={200,'flg',20.3}

B. x=(200,'flg',20.3)

C. x=[200,'flg',20.3]

D. x={'flg':20.3}

2）下面关于集合的说法错误的是（　　）。

A. 集合（Set）是一个无序的不重复元素序列

B. 可以使用花括号"{}"创建集合

C. 可以使用 set( )函数创建集合

D. 创建一个空集合可以使用"{}"

3）下面关于集合的说法错误的是（　　）。

A. 列表、元组、集合分别对应 list、tuple、dict

B. 创建一个空集合必须用 set( )而不是"{}"，因为"{}"是用来创建一个空字典的

C. 集合由不同元素组成，所以即使里面的值重复了，也会去重

D. set( )函数创建一个无序不重复集合

4）下列说法错误的是（　　）。

A. set = set( )　　　　　　　# 创建空集合必须用这种方式
B. set = { }　　　　　　　　# 使用这种方式创建的集合为空
C. set = {1,2,3,4}　　　　　#可以用这种方式创建有初始值的集合
D. set = set(iterable)　　　# iterable 可以使用可迭代对象创建，如列表和元组

5）下列说法错误的是（　　）。

A. clear( )移除集合中的所有元素
B. pop( )增加元素
C. remove( )移除指定元素
D. discard( )删除集合中指定的元素

6）关于集合的运算，下列哪个选项是错误的（　　）？

A. 使用操作符"<"执行子集操作，同样地，也可使用 issubset( )方法完成
B. 使用操作符"|"执行并集操作，同样地，也可使用 union( )方法完成
C. 使用操作符"&"执行交集操作，同样地，也可使用 intersection( )方法完成
D. 使用操作符"-"执行差集操作，同样地，也可使用 symmetric_difference( )方法完成

7）下列选项中，用于判断两个集合中是否有相同元素的方法是（　　）。

A. add( )
B. discard( )
C. pop( )
D. isdisjoint( )

8）下列哪个选项不可以作为集合元素？（　　）

A. 整型　　　　B. 浮点型　　　　C. 字符串　　　　D. 字典

项目 10　学生宿舍管理系统

[知识目标]
1. 掌握函数定义的语法格式。
2. 理解函数不同参数传递方式的区别。
3. 理解参数的打包与解包。
4. 理解变量的命名空间与作用域。

[技能目标]
1. 学会定义函数与调用函数。
2. 学会使用 global 或 nonlocal 关键字。
3. 基本掌握递归函数与匿名函数的使用。

[素养目标]
1. 养成良好的编程风格。
2. 善于通过编程来解决实际问题。
3. 遵守学校规章制度，养成良好的生活习惯。

【项目描述】

学生宿舍管理是学校学生管理工作中的重要一环。随着学生数量的增加，学生宿舍管理变得越来越复杂。传统的人工管理方式不但工作量巨大，而且容易出错，最终导致学生宿舍管理无法便利、高效地进行。为了解决这一问题，越来越多的学校开始开发计算机软件系统并用于学生宿舍管理。

【项目分析】

一个完整的学生宿舍管理系统能够对学生信息、宿舍信息和用户登录进行管理。对系统的需求分析如下。

1）学生信息管理：系统应可以方便地添加、修改、删除需要或已住宿学生的信息，并能够查询某个或多个学生的住宿信息。

2）宿舍信息管理：系统应可以方便地添加、修改、删除目前可供应宿舍的信息，并能够查询某个或多个宿舍的住宿情况。具体功能如图 10-1 所示。

系统的设计难点为管理功能函数。根据需求分析，系统需要实现对学生信息和宿舍信息的添加、更改和删除。针对以上 3 种操作，需要设计不同的模块函数来实现。学生信息和宿舍信息的内容不同，因此其管理操作函数需要分别设计。

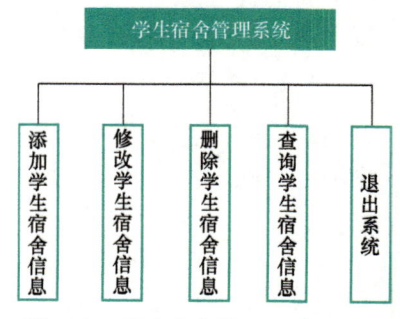

图 10-1　学生宿舍管理系统功能图

【知识与技能储备】

要实现学生宿舍管理系统项目,需要掌握函数的定义与调用,了解函数的基本特征,理解函数的参数传递及变量的作用域等。

10.1 函数的定义和调用

在 Python 中,函数是一个组织好的,可以重复使用的代码段,函数可以提高代码的重复利用率。原则上一个函数只实现一个单一的功能,这样能增强程序的模块性。Python 有许多的内置函数可供使用,也可以自己定义函数,通常称之为自定义函数。

函数的作用及概念

函数通过 def 关键字定义,def 关键字后跟一个函数的名称,然后跟一对圆括号,圆括号中可以包括一些变量名,该行以冒号结尾。接下来是一段语句,它们是函数体。

10.1.1 定义函数

Python 中使用 def 关键字来定义函数,其语法格式如下:
def 函数名([参数列表]):
　　函数体
[return 语句]

函数的定义和调用

以上语法格式的相关说明如下。
1) def 关键字:函数的开始标志。
2) 函数名:函数的唯一标识,遵循标识符的命名规则。
3) 参数列表:负责接收传入函数中的数据,可以包含一个或多个参数,也可以为空。
4) 冒号:函数体的开始标志。
5) 函数体:实现函数功能的具体代码。
6) return 语句:返回函数的处理结果给调用方,是函数的结束标志。若函数没有返回值,可以省略 return 语句。

例如,定义一个计算两数之和的函数,代码如下:

```
def add():
    result = 2 + 3
    print(result)
```

以上定义的 add() 函数是一个无参函数,它只能计算 2 和 3 的和,具有很大的局限性。可以定义一个带有两个参数的 add_two_num() 函数,使用该函数的参数接收外界传入的数据,计算任意两个数的和。示例代码如下:

```
def add_two_num(num1,num2):
    result = num1 + num2
    print(result)
```

10.1.2 调用函数

函数在定义完成后不会立刻执行,直到被程序调用时才会执行。调用函数的语法格式如下:

函数名([参数列表])

例如,调用 10.1.1 节中定义的 add()与 add_two_num()函数,代码如下:

```
add()
add_two_num(20,30)
```

运行代码,结果如下所示:

```
5
50
```

实际上,程序在执行"add_two_num(20,30)"时经历了以下 4 个步骤。
1)程序在调用函数的位置暂停执行。
2)将数据 20、30 传递给函数参数。
3)执行函数体中的语句。
4)程序回到暂停处继续执行。

函数内部也可以调用其他函数,这被称为函数的嵌套调用。例如,在 add_two_num()内部增加调用 add()函数的代码,修改后的函数定义代码如下:

```
def add_two_num (a,b):
    result = a + b
    print(result)
    add()
```

运行函数调用代码"add_two_num(20,30)",结果如下所示:

```
50
5
```

10.2 函数参数的传递

在 Python 中,函数可以接受零个或多个参数,参数是在函数调用时传递给函数的数据。通常,将定义函数时设置的参数称为形参,将调用函数时传入的参数称为实参。Python 中的函数参数可以按照不同的方式进行传递,包括位置参数、关键字参数、默认参数和可变参数。

函数参数的传递

10.2.1 位置参数的传递

位置参数是最常见的参数传递方式,它是按照参数的位置进行传递的。当函数被调用时,传递的参数会按照定义时的顺序依次赋值给函数的参数,如下所示:

```
def personal_info(name,sex,age):
    print(f'您的姓名是:{name},性别是:{sex},年龄是:{age}。')
personal_info("张三","男",85)
```

在这个程序中,函数在调用后会将第 1 个实参"张三"传递给第 1 个形参 name,第 2 个实参"男"传递给第 2 个形参 sex,第 3 个实参 85 传递给第 3 个形参 age。运行结果如下:

```
您的姓名是:张三,性别是:男,年龄是:85。
```

在学习位置参数传递的时候,一定要记住实参的个数与形参的个数保持一致,参数的类型保持一致。如下这些程序,有的是正确的,有的就是错误的。

```
personal_info("张三","男",85)           # 正确调用
personal_info("张三","男")               # 实参个数与形参个数不一致会报错:少参数
personal_info("张三","男",85,123)       # 实参个数与形参个数不一致会报错:多参数
personal_info("张三",85,"男")           # 顺序(数据类型)不一致
```

10.2.2 关键字参数的传递

关键字参数是指传递参数时使用参数名进行传递,这样可以不按照参数定义时的顺序进行传递,而是根据参数名进行传递。关键字参数的语法是"形参 = 实参"。关键字参数的优势就是使函数更加清晰、容易使用,同时也消除了参数顺序的要求。示例程序如下:

```
def personal_info(name,sex,age):
    print(f'您的姓名是:{name},性别是:{sex},年龄是:{age}。')
personal_info("张三",sex="男",age=85)
personal_info("李四",age=74,sex="女")
```

上述程序在函数调用的时候,会将"张三"和"李四"传递给参数 name,sex = "男"和 sex = "女"传递给 sex,age = 85 和 age = 74 传递给 age。由于使用了关键字参数,因此实参的顺序可以和形参不一致。

在使用关键字参数传递时需要注意的是,如果有位置参数,必须置于关键字参数的前面。例如,personal_info(sex = "男", age = 85, "张三")将位置参数放在了两个关键字参数的后面,程序就会报错。

10.2.3 默认参数的传递

当调用方没有提供对应的参数值时,可以指定默认参数值。示例程序如下所示:

```
def personal_info(name,age,sex="男"):
    print(f'您的姓名:{name},性别:{sex},年龄:{age}。')
personal_info("张三",85)
personal_info("李四",74,"女")
personal_info("赵六",56,sex="女")
```

在这个程序中,执行 personal_info("张三",85)的时候,由于实参并未传递给形参 sex 任何值,因此会使用形参默认值"男",而在执行 personal_info("李四",74,"女")和 personal_info("赵六",56,sex = "女")的时候,实参给定了"女"和 sex = "女"的值,因此会使用实际值。运行结果如下:

```
您的姓名:张三,性别:男,年龄:85。
您的姓名:李四,性别:女,年龄:74。
您的姓名:赵六,性别:女,年龄:56。
```

在使用默认参数传递的时候，需要注意的是，所有位置参数必须置于默认参数前，包括函数定义和调用的时候。

10.2.4　可变参数的传递

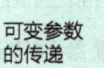

可变参数的传递

函数支持将实参以打包和解包的形式传递给形参，打包和解包通常在函数参数数目不确定的时候使用。个数不确定的参数，叫不定长参数，也叫可变参数。打包和解包用于在调用的时候不确定会传递多少个参数（不传参也可以）的场景。此时，用包裹（packing）位置参数或包裹关键字参数来进行传参会非常方便。

如果函数在定义时无法确定需要接收多少个数据，那么可以在定义函数时为形参添加"*"或"**":

"*"——接收以元组形式打包的多个值

"**"——接收以字典形式打包的多个值

打包和解包的具体介绍如下。

1. 打包

如果函数在定义时无法确定需要接收多少个数据，那么可以在定义函数时为形参添加"*"或"**"。如果形参前加上"*"，那么它可以接收以元组形式打包的多个值。示例程序如下：

```
def personal_info(* args):
    print(args)
personal_info('张三')
personal_info('张三', 85)
personal_info('张三', 85, '男')
personal_info()
```

在这个程序中，传入的所有参数都会被 args 变量收集，它会根据传入参数的位置合并为一个元组（tuple）这就是包裹位置传递，其中，args 是元组类型。运行结果如下：

```
('张三',)
('张三', 85)
('张三', 85, '男')
()
```

如果形参前加上"**"，那么它可以接收以字典形式打包的多个值。示例程序如下：

```
def personal_info(* * kwargs):
    print(kwargs)
personal_info(name='张三', age=85, sex='男')
```

运行结果如下：

```
{'name': '张三', 'age': 85, 'sex': '男'}
```

需要说明的是，虽然函数中添加"*"或"**"的形参可以是符合命名规范的任意名称，但一般建议使用 * args 和 ** kwargs。若函数没有接收到任何数据，参数 * args 和

**kwargs 为空，即它们为空元组或空字典。

2. 解包

如果函数在调用时接收的实参是元组类型的数据，那么可以使用"*"将元组拆分成多个值，并将每个值按照位置参数传递的方式赋值给形参。示例程序如下：

```
def personal_info(name, sex, age):
    print(name, sex, age)
new_info = ('张三', '男', 85)
personal_info(*new_info)
```

运行结果如下：

张三 男 85

由以上运行结果可知，元组被解包成多个值。

如果函数在调用时接收的实参是字典类型的数据，那么可以使用"**"将字典拆分成多个键值对，并将每个值按照关键字参数传递的方式赋值给与键名对应的形参。示例程序如下：

```
def personal_info(name, sex, age):
    print(name, sex, age)
new_info = {'name':'张三', 'sex':'男', 'age':85}
personal_info(**new_info)
```

运行结果如下：

张三 男 85

由以上运行结果可知，字典被解包成多个值。

10.2.5　参数的混合传递

参数的混合传递

前面介绍的参数传递方式在定义函数或调用函数时可以混合使用，但是需要遵循一定的优先级规则，这些方式按优先级从高到低依次为按位置参数传递、按关键字参数传递、按默认参数传递、按打包传递。

在定义函数时，带有默认值的参数必须位于普通参数（不带默认值或标识的参数）之后，带有"*"标识的参数须位于带有默认值的参数之后，带有"**"标识的参数必须位于带有"*"标识的参数之后。示例程序如下：

```
def func(a, b, c=0, *args, **kwargs):
    print('a =', a)
    print('b =', b)
    print('c =', c)
    print('args =', args)
    print('kwargs =', kwargs)
# 函数的调用
func(1, 2, 3, 'a', 'b')
```

运行结果如下：

```
a = 1
b = 2
c = 3
args = ('a','b')
kwargs = {}
```

由以上结果可知，在执行 func(1, 2, 3,'a','b')调用的时候，分别将1、2、3赋值给了 a、b、c，剩下的'a'和'b'由于不是键值对，因此统一赋值给了 args，以元组的形式进行存储。而 kwargs 由于没有得到值，因此成为空字典。

在下面这个程序中：

```
def func(a, b, c=0, * args, * * kwargs):
    print('a =', a)
    print('b =', b)
    print('c =', c)
    print('args =', args)
    print('kwargs =', kwargs)
# 函数的调用
func(1, 2, 3,'a','b', x=100)
```

由于在 func(1, 2, 3,'a','b', x=100)中出现了 x=100，因此运行结果就有了 kwargs = {'x': 100}。运行结果如下：

```
a = 1
b = 2
c = 3
args = ('a','b')
kwargs = {'x': 100}
```

在此基础上，大家可以通过下面这个示例程序思考其运行结果：

```
def func(a, b, c=33, * args, * * kwargs):
    print(a, b, c, args, kwargs)
# 调用函数
func(1, 2)
func(1, 2, 3)
func(1, 2, 3, 4)
func(1, 2, 3, 4, 5)
func(1, 2, 3, 4, 5, e=6, f=7)
func(1, 2, e=6, f=7)
```

运行结果如下：

```
1 2 33 () {}
1 2 3 () {}
1 2 3 (4,) {}
```

```
1 2 3 (4, 5) {}
1 2 3 (4, 5) {'e': 6,'f': 7}
1 2 33 () {'e': 6,'f': 7}
```

10.3 函数的返回值

函数用 return 语句结束函数运行并返回函数的计算结果，return 后面的表达式的值就是函数的返回值。如果函数没有用 return 语句返回，函数返回的值为 None；如果 return 后面没有表达式，函数的返回值也为 None。None 是 Python 中一个特殊的值，虽然它不表示任何数据，但仍然具有重要的作用。None 为布尔值时与 False 是一样的，但在其他情况下，它与 False 有很大差别。

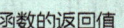

函数的返回值

10.3.1 函数的单个返回值

下面这个程序就是还原在可能被呼吸道病毒感染的情况下，为了实现自身防护去购买口罩的场景。

```
def buy(money, count, price):
    remain = money-price * count
    if (remain >= 0):
        return '您买了' + str(count) +'个口罩,找零:' + str(remain)
    return '您的钱不够买口罩'

result = buy(100, 20, 1)
print(result)
```

程序的运行结果是：

```
您买了 20 个口罩,找零:80
```

在这个程序中，result = buy(100,20,1) 实现了调用函数的功能，同时将 100 传值给了 money，20 传值给了 count，1 传值给了 price。在函数定义中，首先计算剩余的钱，通过 remain=money-price * count 来实现，如果剩余的钱大于或等于 0，则说明购买成功，返回的是购买口罩和找零的信息，通过字符串拼接实现。如果剩余的钱小于 0，则说明购买没有成功，返回字符串"您的钱不够买口罩"。

10.3.2 函数的多个返回值

有些时候，函数会有多个返回值，多个返回值以元组的形式进行保存，示例程序如下：

```
def buy(money, count, price):
    remain = money-price * count
    if (remain >= 0):
        return count, remain
    return 0, money
```

```
result = buy(100, 20, 1)            # 调用函数
print(result)
result = buy(10, 20, 1)             # 调用函数
print(result)
```

运行结果如下：

```
(20, 80)
(0, 10)
```

在这个程序中，语句 result = buy(100, 20, 1) 在调用函数时，将 100、20、1 分别赋值给了 money、count 和 price，由于剩余的钱为 80，符合 remain >= 0 这个条件，因此调用 return count, remain 语句，此时 count = 20，remain = 80，所以有两个返回值，返回值为（20，80）的元组。语句 result = buy(10, 20, 1) 中，由于所带的钱不够购买口罩，因此调用 return 0, money 语句，返回值为（0，10）的元组。

10.4 变量的命名空间和作用域

命名空间保存变量名与所指对象的对应关系。一个名称在不同的命名空间下可能指代不同的事物。Python 程序有各种各样的命名空间。Python 解释器启动时，建立的初始环境里有一个内置命名空间（built-in namespace），记录所有标准常量名、标准函数名等。程序运行在全局命名空间，全局变量就放在全局命名空间中。程序中的函数有自己的命名空间，称为局部命名空间。函数运行结束，该函数创建的局部命名空间消失。函数内部定义的变量在这个函数的局部命名空间中，称为局部变量。不在这个函数中，一般情况下不能访问这个函数的局部变量。如果在一个函数中定义一个变量 x，在另外一个函数中也定义 x 变量，因为变量是在不同的命名空间定义的，所以两者指代的是不同的变量。每个程序在函数外定义的变量放在全局命名空间中，是全局变量，在函数中可以访问全局变量。

变量的命名空间和作用域

变量查找对应对象时先在局部命名空间查找，找不到再到全局命名空间查找，最后到内置命名空间查找。全部找不到时，程序报错。

10.4.1 局部变量

局部变量是指在函数内部定义的变量，它只能在函数内部被使用，因此局部变量活动在局部命名空间范围内。函数执行结束之后局部变量会被释放，此时无法进行访问。例如，在下面这个示例程序中，就分析了局部变量的使用范围。

```
def personal_name():
    name = '李四'
    print(name)              # 函数体内部访问,能访问到变量 name

personal_name()
print(name)                  # 报错:name 'name' is not defined
```

在这个程序中，函数的调用 personal_name() 是没有问题的，输出了"李四"这个名字信息，但是后面语句 print(name) 就会导致错误，错误的信息是 name ' name ' is not defined，这个错误的原因是 name 是一个局部变量，它的作用域在 personal_name() 函数中，一旦出了函数则 name 失效，因此在函数外通过语句 print(name) 来访问 name 就会出现变量并未定义的错误。

在下面这个程序中，name 变量在不同函数中被定义和使用，不会出现错误，因为虽然名字相同，但是这是两个变量，并且作用域在不同函数中。

```python
def personal_name_first():
    name = '张三'
    print(name)          # 函数体内部访问,能访问到变量 name
def personal_name_second():
    name = '李四'
    print(name)          # 函数体内部访问,能访问到变量 name
personal_name_first()
personal_name_second()
```

由这个程序总结可知，不同函数内部可以包含同名的局部变量，这些局部变量的关系类似于不同班级中同名学生的关系，它们相互独立，互不影响。

10.4.2 全局变量

全局变量定义在函数外，可以在整个程序的范围内起作用，不受函数范围的影响。

```python
name = '李四'                           # 全局变量
print(name)
def personal_name_first():              # 定义第 1 个函数
    print(name)
def personal_name_second():             # 定义第 2 个函数
    print(name)
personal_name_first()                   # 调用第 1 个函数
personal_name_second()                  # 调用第 2 个函数
```

在这个程序中，变量 name 定义在所有函数外，因此是全局变量，不仅在函数的外部可以访问，而且在函数内部也可以访问。

那么接下来尝试在函数内部修改全局变量的值，是否可以实现呢？

```python
def personal_name_first():              # 定义函数
    name = '张三'
    print(name)
personal_name_first()                   # 调用函数
print(name)
```

这个程序的运行结果如下：

```
张三
李四
```

在函数内部输出 name 的值为"张三",在函数外部输出 name 的值为"李四"。由此可见,在函数内部想要修改全局变量的值并未成功,而是重新定义了一个局部变量 name。

函数内部无法直接修改全局变量或在嵌套函数的外层函数声明的变量,但可以使用 global 或 nonlocal 关键字修饰变量以间接修改上述变量。

10.4.3 global 与 nonlocal 关键字

1. global 关键字

为了解决函数内使用全局变量的问题,Python 增加了 global 关键字,利用它的特性,可以指定变量的作用域,即使用 global 关键字可以将局部变量声明为全局变量。

```
def personal_one():
    global name                # 声明 name 为全局变量
    name = '张三'
    print(name)
personal_one()
print(name)
```

在上面这个程序中,函数内部变量 name 前加上了 global,这就意味着 name 变量是全局变量,因此无论是在函数内部输出 name 的值还是在函数外部输出 name 的值都为"张三",因为这是一个全局变量。

2. nonlocal 关键字

使用 nonlocal 关键字可以在局部作用域中修改嵌套作用域中定义的变量。

```
def personal_one():
    sex = '女'
    def test():
        nonlocal sex
        sex = '男'
    test()
    print(sex)
personal_one()
```

运行结果是:

```
男
```

在这个程序中,personal_one()函数中定义了 test()函数,而在 test()函数中又想修改 personal_one()中定义的变量 sex 的值,由于这个变量并非是全局变量,因此需要使用 nonlocal 关键字来实现。

10.5 特殊函数

除了前述的函数外,Python 还提供了两种具有特殊形式的函

特殊函数

数：递归函数和匿名函数。

10.5.1 递归函数

函数在定义时可以直接或间接地调用其他函数。若函数内部调用了自身，则这个函数被称为递归函数。递归函数通常用于解决结构相似的问题，它采用递归的方式，将一个复杂的大型问题转化为与原问题结构相似的、规模较小的若干子问题，之后对最小化的子问题求解，从而得到原问题的解。

递归函数在定义时需要满足两个基本条件：一个是递归公式，另一个是边界条件。其中，递归公式是求解原问题或相似的子问题的结构；边界条件是最小化的子问题，也是递归终止的条件。

递归函数的执行可以分为以下两个阶段。

1) 递推阶段：从原问题出发，按递归公式递推，从未知到已知，最终达到递归终止条件。

2) 回归阶段：按递归终止条件求出结果，逆向代入递归公式，逐步回归到原问题求解。

递归函数的一般定义格式如下所示：

```
def 函数名((参数列表)):
    if 边界条件:
        return 结果
    else:
        return 递归公式
```

递归最经典的应用便是阶乘。在数学中，求 n！（正整数 n 的阶乘）问题，根据 n 的取值可以分为以下两种情况。

1) 当 n=1 时，所得的结果为 1。

2) 当 n>1 时，所得的结果为 n×(n-1)！。

那么利用递归求解阶乘时，n=1 是边界条件，n×(n-1)！是递归公式。

编写代码实现 n！求解，示例代码如下：

```
def func(num):
    if num == 1:
        return 1
    else:
        return num * func(num-1)
num = int(input("请输入一个整数:"))
result = func(num)
print(f"(num)! =% d" % result)
```

运行代码，按提示输入整数 5，结果如下所示：

```
请输入一个整数:5
5! =120
```

10.5.2 匿名函数

匿名函数是一类无须定义函数名的函数，它与普通函数一样可以在程序的任何位置使用。Python 中使用 lambda 关键字定义匿名函数，它的语法格式如下：

```
result = lambda[arg1[,arg2,…,argn]]:expression
```

参数说明如下。

- result：用于调用 lambda 表达式。
- [arg1[,arg2,…,argn]]：可选参数，用于指定要传递的参数列表，多个参数之间使用逗号","分隔。
- expression：必选参数，用于指定一个实现具体功能的表达式，如果有参数，那么在该表达式中将应用这些参数。

注意：使用 lambda 表达式时，参数可以有多个，用逗号","分隔，但是表达式只能有一个，即只能返回一个值，而且也不能出现其他非表达式语句（如 for 或 while）。

由以上语法格式可知，匿名函数与普通函数主要有以下区别。

1）普通函数在定义时有名称，而匿名函数没有名称。
2）普通函数的函数体中包含多条语句，而匿名函数的函数体只能是一个表达式。
3）普通函数可以实现比较复杂的功能，而匿名函数可实现的功能比较简单。
4）普通函数能被其他程序使用，而匿名函数不能被其他程序使用。

例如，要求 x 的二次方，使用的普通函数如下。

```python
def fn3(x):
    return pow(x, 2)
print(fn3(5))
```

而使用匿名函数，则程序转换为：

```python
fn4 = lambda x: pow(x, 2)
print(fn4(6))
```

匿名函数本身并没有函数名，但是为了保存其结果，可使用 fn4 来实现存储。

如果是两个参数，那么匿名函数怎么写呢？下面这个程序是实现两个数相加的普通函数：

```python
def fn5(a, b):
    return a + b
print(fn5(2, 3))
```

而要写成匿名函数，则程序如下：

```python
fn6 = lambda a, b: a + b
print(fn6(3, 4))
```

【项目实施】

为营造良好的住宿环境，简化管理员的信息管理工作，开发学生宿舍管理系统。该系统能够实现学生住宿信息的管理，并能显示是否为文明寝室和违章情况。

学生宿舍管理系统主要是实现添加、删除、修改、查询学生宿舍信息。

程序运行就展示菜单项，提示用户操作选项，如图10-2所示。

```
================================================================================
学生宿舍管理系统  V1.0
1.添加学生宿舍信息
2.删除学生宿舍信息
3.修改学生宿舍信息
4.查询学生宿舍信息
0.退出系统
================================================================================
```

图 10-2　学生宿舍管理系统主界面

如果用户需要添加信息，则输入1和相关信息，如图10-3所示。

```
================================================================================
学生宿舍管理系统  V1.0
1.添加学生宿舍信息
2.删除学生宿舍信息
3.修改学生宿舍信息
4.查询学生宿舍信息
0.退出系统
================================================================================

请输入功能对应的数字：1
请输入寝室号：402
请输入该寝室的全部学生姓名，用逗号间隔：张宇，方水涛，江灿炜，杨煜
请输入是否是文明寝室（是/否）：是
请输入违章情况：无
```

图 10-3　添加信息

信息输入完之后可以进行查询，输入数字4，就可以查询学生的宿舍信息，如图10-4所示。

```
请输入功能对应的数字：4
学生宿舍的信息如下：
================================================================================
序号        寝室号      姓名                                  是否文明寝室          违章情况
0          402        张宇，方水涛，江灿炜，杨煜                 是                  无
```

图 10-4　查询信息

如果需要修改信息，那么输入数字3，并且输入需要修改的信息，如图10-5所示。

输入数字2，可以删除相关信息，如图10-6所示。

```
请输入功能对应的数字：3
请输入要修改id序号：0
请输入寝室号：402
请输入该寝室的全部学生姓名，用逗号间隔：张宇，方水涛，江灿炜
请输入要是否是文明寝室（是/否）：是
请输入违章情况：无
```

图 10-5　修改信息

```
请输入功能对应的数字：2
请输入要删除的序号：0
删除成功！
```

图 10-6　删除信息

再次查询，就会发现信息已经删除成功了，如图10-7所示。

```
请输入功能对应的数字:4
学生宿舍的信息如下:
================================================================================================
   序号        寝室号        姓名                        是否文明寝室              违章情况
```

图 10-7　查询信息

在这个程序中，首先需要定义 print_menu() 函数，函数的作用是显示菜单项。如果用户需要添加学生宿舍信息，则输入数字 1，调用 add_dorm_list() 函数；如果需要删除学生宿舍信息，则输入数字 2，调用 del_dorm_list() 函数；如果需要修改信息，则输入数字 3，调用 modify_dorm_list() 函数；如果需要查询信息，则输入数字 4，调用 show_dorm_list() 函数；如果需要退出系统，则输入数字 0，终止循环。

1. 项目代码

程序代码如下：

```python
"""
使用自定义函数,完成对程序的模块化
学生宿舍信息包含:寝室号、姓名、是否文明寝室、违章情况
该系统具有的功能:添加、删除、修改、显示、退出系统
设计思路:
提示用户选择功能
获取用户选择的功能
根据用户的选择,分别调用不同的函数
"""
# 新建一个列表,用来保存学生宿舍的所有信息
dorm_list = []
# 功能打印
# 打印功能菜单
def print_menu():
    print()
    print('=' * 100)
    print('学生宿舍管理系统 V1.0')
    print('1. 添加学生宿舍信息')
    print('2. 删除学生宿舍信息')
    print('3. 修改学生宿舍信息')
    print('4. 查询学生宿舍信息')
    print('0. 退出系统')
    print('=' * 100)
    print()
# 添加学生宿舍信息
def add_dorm_list():
    # 提示并获取寝室号
    new_no = input('请输入寝室号:')
    # 提示并获取学生姓名
    new_names = input('请输入该寝室的全部学生姓名,用逗号间隔:')
```

```python
    # 提示并获取是否文明寝室
    new_is_civilized = input('请输入是否是文明寝室(是/否):')
    # 提示并获取违章情况
    new_violation = input('请输入违章情况:')
    # 将输入信息存入字典中
    new_info = dict()
    new_info['no'] = new_no
    new_info['names'] = new_names
    new_info['is_civilized'] = new_is_civilized
    new_info['violation'] = new_violation
    # 将新的宿舍信息添加到总列表中
    dorm_list.append(new_info)
# 删除学生宿舍信息
def del_dorm_list(dorms):
    del_id = int(input('请输入要删除的序号:'))-1
    del dorms[del_id]
    print("删除成功!")
# 修改学生宿舍信息
def modify_dorm_list():
    if len(dorm_list) ! = 0:
        # 接收输入的宿舍信息
        dorm_id = int(input('请请入要修改id序号:'))
        new_no = input('请输入寝室号:')
        new_names = input('请输入该寝室的全部学生姓名,用逗号间隔:')
        new_is_civilized = input('请输入要是否是文明寝室(是/否):')
        new_violation = input('请输入违章情况:')
        # 修改宿舍信息
        dorm_list[dorm_id-1]['no'] = new_no
        dorm_list[dorm_id-1]['names'] = new_names
        dorm_list[dorm_id-1]['is_civilized'] = new_is_civilized
        dorm_list[dorm_id-1]['violation'] = new_violation
    else:
        print('学生宿舍信息表为空')
# 显示学生宿舍信息
def show_dorm_list():
    print('学生宿舍的信息如下:')
    print('=' * 100)
    titles = ['序号', '寝室号', '姓名', '是否文明寝室', '违章情况']
    # 冒号后的{5}表示format()函数中参数序号为5的参数,即chr(12288)填充剩余的长度
    pattern = '{0:{5}^5}{1:{5}^10}{2:{5}<20}{3:{5}^15}{4:{5}^10}'
    print(pattern.format(titles[0], titles[1], titles[2], titles[3], titles[4],
chr(12288)))
```

```python
    for i, dorm in enumerate(dorm_list):
        print(pattern.format(i, dorm['no'], dorm['names'], dorm['is_civilized'], dorm
['violation'], chr(12288)))
    print()
# 在main()函数中执行不同的功能
def main():
    while True:
        print_menu()    # 打印功能菜单
        key = input("请输入功能对应的数字:")    # 获取用户输入的序号
        if key == '1':    # 添加学生宿舍信息
            add_dorm_list()
        elif key == '2':    # 删除学生宿舍信息
            del_dorm_list(dorm_list)
        elif key == '3':    # 修改学生宿舍信息
            modify_dorm_list()
        elif key == '4':    # 查询学生宿舍信息
            show_dorm_list()
        elif key == '0':
            quit_confirm = input('亲,真的要退出吗？(Yes or No):').lower()
            if quit_confirm == 'yes':
                print("谢谢使用!")
                break    # 跳出循环
            elif quit_confirm == 'no':
                continue
            else:
                print('输入有误！')
if __name__ == '__main__':
    main()
```

2. 自我评价

大家可以先自行编写学生宿舍管理系统的程序，然后进行调试，再对照项目代码，完成自我评价，见表10-1。

表10-1 自我评价表

评价要素	评价标准	评价分值	自我评价得分
主界面的设计	界面设计是否合理	10	
添加学生住宿信息	add_dorm_list()函数的定义是否正确	20	
删除学生住宿信息	del_dorm_list()函数的定义是否正确	20	
修改学生住宿信息	modify_dorm_list()函数的定义是否正确	20	
查询学生住宿信息	show_dorm_list()函数的定义是否正确	20	
函数的调用	几个函数是否正确调用	10	

【项目总结】

本项目是学生宿舍管理系统的实现。在项目实施过程中，学习了以下知识与技能：

1）函数的定义与调用。应把需要重复使用的代码封装成函数，定义函数时不需要指定参数类型。函数用 return 语句返回值，当有 return 语句但没有返回值或 return 语句没有执行时，函数返回 None。

2）函数参数有位置参数、默认值参数、关键字参数和可变参数等几种类型。函数内部变量在函数执行结束后会自动释放而不可再访问。lambda 表达式用来定义匿名函数，提高编程效率。

3）递归是一种常用的编程技术。对同一程序，可用两种不同的实现方法比较运行效率。

在本项目的实施中，需要重点掌握几个函数的定义，参数的设置，以及在主程序中的正确调用。

【思考与练习】

1. 判断题

1）函数是代码复用的一种方式。（　　）

2）定义函数时，即使该函数不需要接收任何参数，也必须保留一对空的圆括号来表示这是一个函数。（　　）

3）编写函数时，一般建议先对参数进行合法性检查，再编写正常的功能代码。（　　）

4）一个函数如果带有默认值参数，那么必须所有参数都设置默认值。（　　）

5）定义 Python 函数时，必须指定函数返回值类型。（　　）

6）定义 Python 函数时，如果函数中没有 return 语句，则默认返回 None。（　　）

7）函数中的 return 语句一定能够得到执行。（　　）

8）不同作用域中的同名变量之间互相不影响，也就是说，在不同的作用域内可以定义同名的变量。（　　）

9）函数内部定义的局部变量当函数调用结束后会自动删除。（　　）

10）在函数内部没有办法定义全局变量。（　　）

2. 单选题

1）关于函数，以下选项中描述错误的是（　　）。

A. 函数能完成特定的功能，对函数的使用不需要了解函数内部实现原理，只要了解函数的输入输出方式即可

B. 使用函数的主要目的是减低编程难度和代码重用

C. Python 使用 del 关键字定义一个函数

D. 函数是一段具有特定功能的、可重用的语句组

2）Python 语言中用来定义函数的关键字是（　　）。

A. return

B. def
C. function
D. define

3）下面代码实现的功能是（　　）。

```
def fact(n):
  if n==0:
    return 1
  else:
    return n * fact(n-1)
num =eval(input("请输入一个整数:"))
print(fact(abs(int (num))))
```

A. 接受用户输入的整数 n，判断 n 是不是素数并输出结论
B. 接受用户输入的整数 n，判断 n 是不是完数并输出结论
C. 接受用户输入的整数 n，判断 n 是不是水仙花数
D. 接受用户输入的整数 n，输出 n 的阶乘值

4）关于 Python 的全局变量和局部变量，如下选项中描述错误的是（　　）。

A. 局部变量指在函数内部使用的变量，当函数退出时，变量依然存在，下次函数调用能够继续使用
B. 使用 global 关键字声明简单数据类型变量后，该变量作为全局变量使用
C. 简单数据类型变量不管是否与全局变量重名，仅在函数内部建立和使用，函数退出后变量被释放
D. 全局变量指在函数以外定义的变量，通常没有缩进，在程序执行全过程有效

5）关于局部变量和全局变量，如下选项中描述错误的是（　　）。

A. 局部变量和全局变量是不一样的变量，但可使用 global 关键字在函数内部使用全局变量
B. 局部变量是函数内部的占位符，与全局变量可能重名但不一样
C. 函数运算结束后，局部变量不会被释放
D. 局部变量为组合数据类型且未建立，等同于全局变量

6）关于函数作用的描述，如下选项中错误的是（　　）。

A. 复用代码
B. 加强代码的可读性
C. 降低编程复杂度
D. 提升代码执行速度

7）假设函数中不包括 global 关键字，对于改变参数值的方法，如下选项中错误的是（　　）。

A. 参数是 int 类型时，不改变原参数的值
B. 参数是组合类型（可变对象）时，改变原参数的值
C. 参数的值是否改变与函数中对变量的操作有关，与参数类型无关
D. 参数是 list 类型时，改变原参数的值

项目 11　文件备份

[知识目标]
1. 理解文件在计算机中的存储形式。
2. 了解文本文件与二进制文件的区别。
3. 了解文件打开与关闭的几种方式之间的区别。

[技能目标]
1. 熟练掌握文件的打开与关闭。
2. 掌握文件读写操作的几种应用。
3. 学会使用文件与文件夹的管理。

[素养目标]
1. 养成良好的编程风格。
2. 善于通过编程来解决实际问题。
3. 加强信息安全保护意识，懂得数据保护的重要性。

【项目描述】

当今是信息时代，信息在当今社会占据的地位不言而喻，信息安全更是当前人们重视的问题之一。事实上，文件备份的主要作用就是确保重要数据安全不丢失。当有了备份之后，就算遇到意外情况导致数据丢失，也可以通过备份将其快速恢复。

【项目分析】

本项目实现一个文件备份工具，首先是创建两个文件夹，一个存储原文件，另一个存储备份文件。原文件通过写入的方式将文件内容写入。然后通过备份的方式备份到另外一个文件夹中，备份文件内容与原文件相同。

【知识与技能储备】

实现文件备份工具，需要掌握文件的打开与关闭等基本操作，进一步理解文件的读写操作，以及文件夹的内置函数。

11.1　文件概述

计算机文件，是存储在某种长期储存设备上的一段数据流。所谓"长期储存设备"一般指磁盘、光盘、磁带等。其特点是所

文件概述

存信息可以长期、多次使用，不会因为断电而消失。计算机中的每个文件具有唯一确定的标识，以便识别和引用文件。文件标识分为路径、文件名和扩展名 3 个部分，Windows 操作系统中一个文件的完整标识如图 11-1 所示。

图 11-1　文件完整标识

计算机文件可分为两种：二进制文件和文本文件。图形文件及文字处理程序等计算机程序都属于二进制文件，二进制文件含有特殊的格式及计算机代码。文本文件则是可以用文字处理程序阅读的文件。计算机的存储在物理上是二进制的，所以文本文件与二进制文件的区别不是物理上的，而是逻辑上的，这两者只是在编码层次上有差异。

文本文件由特定单一编码组成，如 UTF-8 编码，由于存在编码，文本文件也被看作字符串在计算机中的存储，如 .py 文件。二进制文件是直接由比特 0 和 1 组成的，没有统一的字符编码，需要根据预定义的特定方式来进行编码，如音频文件、视频文件、图形图像文件、可执行文件等都属于二进制文件。

11.2　文件的打开与关闭

文件的处理一般要经历打开、操作（读取、写入、删除、修改）和关闭等步骤。

文件的打开与关闭

11.2.1　打开文件

在 Python 中可通过内置函数 open()打开文件，该函数的语法格式如下：
`open(file, mode='r', encoding=None)`

open()函数中的参数 file 用于接收文件名或文件路径；参数 encoding 用于指定文件的编码格式，常见的编码格式有 ASCII、UTF-8 等；参数 mode 用于设置文件的打开模式，常用的打开模式有 r、w、a，这些模式的含义分别如下。

1. 读取模式

- r：以只读模式打开文件。文件的指针将位于文件的开头。如果文件不存在，会引发 FileNotFoundError。
- rb：以二进制只读模式打开文件。类似于 r，但以二进制格式读取文件内容。

2. 写入模式

- w：以写入模式打开文件。如果文件存在，文件的内容将被清空。如果文件不存在，将创建新文件。
- wb：以二进制写入模式打开文件。类似于 w，但以二进制格式写入文件内容。

3. 追加模式

- a：以追加模式打开文件。文件的指针将位于文件的末尾。如果文件不存在，将创建新文件。
- ab：以二进制追加模式打开文件。类似于 a，但以二进制格式追加文件内容。

4. 读写模式

- r+：以读写模式打开文件。文件的指针将位于文件的开头。如果文件不存在，会引发 FileNotFoundError。

- w+：以读写模式打开文件。如果文件存在，文件的内容将被清空。如果文件不存在，将创建新文件。
- a+：以读写模式打开文件。文件的指针将位于文件的末尾。如果文件不存在，将创建新文件。

5. 其他文件模式

- x：以排他模式创建新文件。如果文件已经存在，会引发 FileExistsError。
- xb：以二进制排他模式创建新文件。
- t：文本模式（默认模式）。可以与其他模式组合使用，如 rt。

常用的文件打开模式及其描述如表 11-1 所示。

表 11-1 文件打开模式及其描述

模式	描述
r	以只读模式打开文件（文件必须存在）
rb	以二进制只读模式打开文件
w	以写入模式打开文件
wb	以二进制写入模式打开文件
a	以追加模式打开文件
ab	以二进制追加模式打开文件
r+	以读写模式打开文件（文件必须存在）
w+	以读写模式打开文件
a+	以读写模式打开文件
x	以排他模式创建新文件（文件不能存在）
xb	以二进制排他模式创建新文件（文件不能存在）
t	文本模式（默认模式）

例如，有一个文本文件"水调歌头·丙辰中秋.txt"，存放的是苏轼的诗歌《水调歌头·明月几时有》，文件的内容如下：

"丙辰中秋，欢饮达旦，大醉，作此篇，兼怀子由。

明月几时有？把酒问青天。不知天上宫阙，今夕是何年。我欲乘风归去，又恐琼楼玉宇，高处不胜寒。起舞弄清影，何似在人间。

转朱阁，低绮户，照无眠。不应有恨，何事长向别时圆？人有悲欢离合，月有阴晴圆缺，此事古难全。但愿人长久，千里共婵娟。"

可以执行如下程序，记得此时程序必须与"水调歌头·丙辰中秋.txt"在同一个文件夹中。

```
f=open("水调歌头·丙辰中秋.txt")              # 文本形式,只读模式,默认值
f=open("水调歌头·丙辰中秋.txt","rt")         # 文本形式,只读模式,同默认值
f=open("水调歌头·丙辰中秋.txt","w")          # 文本形式,覆盖写模式
f=open("水调歌头·丙辰中秋.txt","a+")         # 文本形式,追加写模式+读文件
f=open("水调歌头·丙辰中秋.txt","x")          # 文本形式,创建写模式
f=open("水调歌头·丙辰中秋.txt","rb")         # 二进制形式,只读模式
f=open("水调歌头·丙辰中秋.txt","wb")         # 二进制形式,覆盖写模式
f.close()
```

11.2.2 关闭文件

文件在操作完毕后，必须关闭。否则，若文件一直处于打开状态，会导致不必要的内存消耗，甚至造成系统崩溃。常见的关闭文件的方法有手动关闭、使用 with 语句、使用 try…finally 语句和使用 contextlib 中的 closing( )方法。除了 with 语句外，其他方法都需要自己手动关闭文件流，因此使用 with 语句是较好的选择，可以避免忘记关闭文件的问题和手动释放资源的麻烦。

1. 手动关闭文件的方法

首先，使用 Python 打开文件，然后读写该文件，最后是关闭文件。如果不关闭该文件，系统资源将无法释放。

```
file = open("test.txt","w")
file.write("Hello World! \n")
file.close()
```

其中，file.close( )是使用手动关闭文件的方法。这种方法虽然简单，但在许多情况下，可能会忘记关闭文件，从而占用了系统资源。

2. 使用 with 语句关闭文件的方法

为了避免手动关闭文件的问题，可以使用 with 语句。在 with 语句下打开文件，系统会在代码块执行完成后自动关闭文件。下面是 with 语句的用法：

```
with open('test.txt', 'r') as file:
    data = file.read()
print(data)
```

在上面的例子中，系统会自动关闭文件对象 file。

3. 使用 try…finally 语句关闭文件的方法

除了 with 语句外，还可以使用 try…finally 语句。try…finally 语句确保无论在处理文件时是否出错，在操作结束后都关闭文件。这种方法使用起来更加灵活，如下所示：

```
try:
    file = open('test.txt', 'r')
    data = file.read()
finally:
    file.close()
print(data)
```

在上例中，使用 try…finally 语句的方法保证了文件一定会被关闭，以避免出现资源泄露的问题。

4. 使用 contextlib 中 closing( )方法关闭文件的方法

在 Python 中，还有一个更加方便的方法是使用 contextlib 中的 closing( )方法。这个方法可以将任意对象包装为一个支持上下文管理协议的对象。

```
from contextlib import closing
from urllib.request import urlopen
```

```
with closing(urlopen('http://www.python.org')) as page:
    for line in page:
        print(line.decode('utf-8'))
```

在上例中，使用 closing() 方法将 urlopen() 返回的对象转换为一个支持上下文管理协议的对象，并在 with 语句中使用这个对象。最后，系统将自动关闭该对象。

11.3 文件的读写操作

Python 提供了一系列读写文件的方法，包括读取文件的 read()、readline()、readlines() 方法和写入文件的 write()、writelines() 方法，下面结合这些方法分别介绍如何读取和写入文件。

读取文件

11.3.1 读取文件

1. read() 方法

read() 方法可以从指定文件中读取指定字节的数据，其语法格式如下：

```
read(n=-1)
```

其中，参数 n 用于设置读取数据的字节数，若未提供或设置为 -1，则一次读取并返回文件中的所有数据。

以文件"登鹳雀楼.txt"为例，假设文件的内容是：

"白日依山尽，黄河入海流。

欲穷千里目，更上一层楼。"

读取该文件中指定长度数据的示例代码如下：

```
with open('登鹳雀楼.txt', mode='r',encoding="utf-8") as f:
    print(f.read(2))         #读取 2 字节的数据
    print(f.read())          #读取剩余的全部数据
    f.close()
```

运行代码，结果如下：

```
白日
依山尽,黄河入海流。
欲穷千里目,更上一层楼。
```

2. readline() 方法

readline() 方法可以从指定文件中读取一行数据，其语法格式如下：

```
readline()
```

以"登鹳雀楼.txt"文件为例，使用 readline() 方法读取该文件，示例代码如下：

```
with open('登鹳雀楼.txt', mode='r',encoding="utf-8") as f:
    print(f.readline())           #使用 readline()方法读取数据
    f.close()
```

运行代码，结果如下：

白日依山尽,黄河入海流。

3. readlines()方法

readlines()方法可以一次性读取文件中的所有数据,若读取成功返回一个列表,文件中的每一行对应列表中的一个元素。readlines()方法的语法格式如下:

```
readlines(hint=-1)
```

其中,参数 hint 的单位为字节,它用于控制要读取的行数,如果行中数据的总大小超出了 hint,readlines()不会读取更多的行。

下面以"登鹳雀楼.txt"文件为例,使用 readlines()方法读取该文件,示例代码如下:

```
with open('登鹳雀楼.txt', mode='r',encoding="utf-8") as f:
    print(f.readlines())          #使用 readlines()方法读取数据
    f.close()
```

运行代码,结果如下:

```
['白日依山尽,黄河入海流。\n', '欲穷千里目,更上一层楼。']
```

以上介绍的 3 个方法中,read()和 readlines()方法都可一次读取文件中的全部数据,但因为计算机的内存是有限的,若文件较大,read()和 readlines()的一次读取便会耗尽系统内存,所以这两种操作都不够安全。为了保证读取安全,通常多次调用 read()方法,每次读取 n 字节的数据。

11.3.2 写入文件

写入文件

1. write()方法

write()方法可以将指定字符串写入文件,其语法格式如下:

```
write(data)
```

其中,参数 data 表示要写入文件的数据,若数据写入成功,write()方法会返回本次写入文件的数据的字节数。

使用 write()方法向"登鹳雀楼.txt"文件中写入数据,示例代码如下:

```
string = "白日依山尽,黄河入海流。欲穷千里目,更上一层楼。"
with open('登鹳雀楼.txt', mode='w', encoding='utf-8') as f:
    f.write(string)
    f.close()
```

此时打开"登鹳雀楼.txt"文件,可在该文件中看到字符串"白日依山尽,黄河入海流。欲穷千里目,更上一层楼。"

2. writelines()方法

writelines()方法用于将行列表写入文件,其语法格式如下:

```
writelines(lines)
```

其中，参数 lines 表示要写入文件中的数据，该参数可以是一个字符串或字符串列表。需要说明的是，若写入文件的数据在文件中需要换行，应显式指定换行符。

使用 writelines( )方法向文件"登鹳雀楼.txt"中写入数据，示例代码如下：

```
string = "白日依山尽,黄河入海流。\n 欲穷千里目,更上一层楼。"
with open('登鹳雀楼.txt', mode='w', encoding='utf-8') as f:
    f.writelines(string)
f.close()
```

运行代码，若没有输出信息，说明字符串被成功写入文件。此时打开"登鹳雀楼.txt"文件，可在其中看到写入的字符串。

同样是写入方式，write( )、writelines( )有什么区别呢？

两者之间的区别如下。

1. 参数

write( )的参数是一个字符串，就是要写入文件的内容。

writelines( )的参数可以是字符串，也可以是字符串序列，如列表，它会迭代写入文件。

2. 格式

write(data)。

writelines(lines)

3. 用法

write( )：把字符串写入文件，单行写入。

writelines( )：把字符串按行写入文件，多行写入。

因此，使用 writelines( )方法向文件"登鹳雀楼.txt"中写入数据，还可以这样编写程序：

```
list = ["白日依山尽,","黄河入海流。\n","欲穷千里目,","更上一层楼。"]
with open('登鹳雀楼.txt', mode='w', encoding='utf-8') as f:
    f.writelines(list)
f.close()
```

11.3.3　文件的定位读写

11.3.1 节使用 read( )方法读取了文件"登鹳雀楼.txt"，结合代码与程序运行结果进行分析，可以发现，read( )方法第 1 次读取了 2 个字符，第 2 次从第 3 个字符"依"开始读取了剩余字符。之所以出现上述情况，是因为在文件的一次打开与关闭之间进行的读写操作是连续的，程序总是从上次读写的位置继续向下进行读写操作。实际上，每个文件对象都有一个称为"文件读写位置"的属性，该属性会记录当前读写的位置。

文件读写位置默认为 0，即读写位置默认在文件首部。还可以指定读取的起始位置，这就需要移动文件指针的位置。

文件指针用于标明文件读写的起始位置。假如把文件看成一个连续的空间，文件中每个数据就相当于一个占位空间，而文件指针就标明了文件将要从文件的哪个位置开始读取。图11-2所示为文件指针的概念。

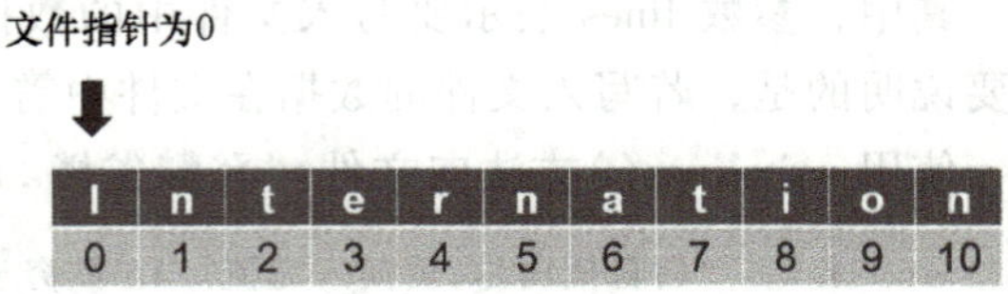

图 11-2 文件指针概念示意图

可以看到，通过移动文件指针的位置，再借助 read()和 write()函数，就可以轻松实现读取文件中指定位置的数据（或向文件中的指定位置写入数据）。

注意，当向文件中写入数据时，如果不是文件的尾部，写入位置的原有数据不会自行向后移动，新写入的数据会将文件中处于该位置的数据直接覆盖。

为了实现对文件指针的移动，文件对象提供了 tell()函数和 seek()函数。tell()函数用于判断文件指针当前所处的位置，而 seek()函数用于移动文件指针到文件的指定位置。

1. tell()方法

tell()方法用于获取文件当前的读写位置。以操作文件"饮湖上初晴后雨.txt"为例，文件的内容如下：

"水光潋滟晴方好，山色空蒙雨亦奇。
欲把西湖比西子，淡妆浓抹总相宜。"

tell()的示例程序如下：

```
with open('饮湖上初晴后雨.txt',encoding='utf-8') as f:
    print(f.tell())         # 获取文件读写位置        0
    print(f.read(5))        # 利用read()方法移动文件读写位置
    print(f.tell())         # 再次获取文件读写位置    15
```

运行代码，结果如下：

```
0
水光潋滟晴
15
```

由运行结果可知，tell()方法第1次获取到的文件读写位置为0，利用 read()方法移动文件读写位置，由于 UTF-8 编码的中文字符通常占用3字节，因此在读取了"水光潋滟晴"后，文件的读写位置移动到了15。

2. seek()方法

程序一般顺序读取文件中的内容，但并非每次读写都从当前位置开始。Python 提供了 seek()方法，使用该方法可控制文件的读写位置，实现文件的随机读写。seek()方法的语法格式如下：

```
seek(offset, from)
```

seek()方法中的参数 offset 表示偏移量，即读写位置需要移动的字节数；from 用于指定文件的读写位置，该参数的取值为 0、1、2，它们代表的含义如下。

- 0：表示文件开头。
- 1：表示使用当前读写位置。

- 2：表示文件末尾。

seek()方法调用成功后会返回当前读写位置。以操作文件"饮湖上初晴后雨.txt"为例，seek()的用法如下：

```
with open('饮湖上初晴后雨.txt',encoding='utf-8') as f:
    f.tell()                    # 获取文件读写位置
    loo = f.seek(6, 0)          # 相对文件首部移动 6 字节
    print(loo)                  # 打印当前文件读写位置
    print(f.read())
```

运行代码，结果如下：

```
6
潋滟晴方好,山色空蒙雨亦奇。
欲把西湖比西子,淡妆浓抹总相宜。
```

在这个程序中，f.seek(6，0)是从文件首部开始向后移动了6字节，因此文件的读写位置指到了6，6字节刚好跳过"水光"两个中文字，所以执行print(f.read())语句的时候就得到上述结果。

需要注意的是，在 Python 3.X 中，若打开的是文本文件，那么 seek()方法只允许相对于文件首部移动文件读写位置；若在参数 from 值为 1 或 2 的情况下移动文本文件的读写位置，程序就会产生错误，错误的信息是"io.UnsupportedOperation：can't do nonzero cur-relative seeks"。

11.4 文件与目录管理

对于用户而言，文件和目录以不同的形式展现，但对计算机而言，目录是文件属性信息的集合，它本质上也是一种文件。除 Python 的内置方法外，os 模块中也定义了与文件操作相关的函数，利用这些函数可以实现删除文件、文件重命名、创建或删除目录、获取当前目录、更改默认目录与获取文件名列表等操作。本节将对 os 模块中的常用函数进行讲解。

文件与目录管理

11.4.1 删除文件——remove( )函数

使用 os 模块中的 remove()函数可删除文件，该函数要求目标文件存在，其语法格式如下：

remove(文件名)

调用 remove()函数处理文件，指定的文件将被删除。例如，调用 remove()删除文件"饮湖上初晴后雨.txt"，示例程序如下：

```
import os
os.remove('饮湖上初晴后雨.txt')
```

在使用这个函数的时候，要确保文件是存在的。如果文件不存在，则会出现异常信息"FileNotFoundError：[WinError 2]系统找不到指定的文件：'饮湖上初晴后雨.txt'"，说明文件找不到。

11.4.2 文件重命名——rename( )函数

使用 os 模块中的 rename( )函数可以更改文件名，该函数要求目标文件存在，其语法格式如下：

rename(原文件名,新文件名)

rename( )函数的用法示例如下：

```
os.rename('饮湖上初晴后雨.txt','苏轼的饮湖上初晴后雨.txt')
```

经以上操作后，当前路径下的文件"饮湖上初晴后雨.txt"被重命名为"苏轼的饮湖上初晴后雨.txt"。

11.4.3 文件备份——copy( )函数

在 Python 中，copy( )函数是用于对象复制和处理的内置函数之一。通过 copy( )函数，可以在不改变原始对象的情况下，生成一个新的对象副本，实现对象的复制和处理。

使用 shutil 模块中的 copy( )函数可以复制文件内容，该函数要求原文件存在，其语法格式如下：

copy(原文件名,新文件名)

copy( )函数的用法示例如下：

```
copy('饮湖上初晴后雨.txt','苏轼的饮湖上初晴后雨.txt')
```

经以上操作后，当前路径下的文件"饮湖上初晴后雨.txt"被复制成新的文件"苏轼的饮湖上初晴后雨.txt"，原文件保持不变。

如果在目录中本身存在"苏轼的饮湖上初晴后雨.txt"，则实现覆盖操作。

11.4.4 创建或删除目录——mkdir( )与 rmdir( )函数

os 模块中的 mkdir( )函数用于创建目录，rmdir( )函数用于删除目录，这两个函数的参数都是目录名。下面讲解这两个函数的用法。

1. mkdir( )

mkdir( )函数用于在当前目录下创建目录，示例代码如下：

```
os.mkdir('dir')
```

经以上操作后，默认路径下会新建目录 dir。需要注意的是，待创建的目录不能与已有目录重名，否则将创建失败。

2. rmdir( )

rmdir( )函数用于删除目录，示例代码如下：

```
os.rmdir('dir')
```

经以上操作后，当前路径下的目录 dir 将被删除。

11.4.5 获取当前目录——getcwd( )函数

当前目录即 Python 当前的工作路径。os 模块中的 getcwd( ) 函数用于获取当前目录,调用该函数可获取当前工作目录的绝对路径。示例代码如下:

```
print(os.getcwd())
```

11.4.6 更改默认目录——chdir( )函数

os 模块中的 chdir( ) 函数用于更改默认目录。若在对文件或文件夹进行操作时传入的是文件名而非路径名,Python 解释器会从默认目录中查找指定文件,或将新建的文件放在默认目录下。若没有特别设置,当前目录即为默认目录。

使用 chdir( ) 函数更改默认目录为"E:\"再次使用 getcwd( ) 函数获取当前目录,示例代码如下:

```
import os
os.chdir('E:\\')        #更改默认目录为 E:\
print(os.getcwd())      # 获取当前工作目录
```

运行代码,结果如下:

```
"E:\"
```

对比前文使用 getcwd( ) 函数获取的工作目录与以上代码中使用 getcwd( ) 函数获取的工作目录可知,调用 chdir( ) 函数后工作目录发生了变化。

11.4.7 获取文件名列表——listdir( )函数

实际应用中经常需要先获取指定目录下的所有文件,再对目标文件进行相应操作。os 模块中提供了 listdir( ) 函数,使用该函数可方便快捷地获取指定目录下所有文件的文件名列表。示例代码如下:

```
import os
dirs = os.listdir('./')      # 获取文件名列表
print(dirs)                  # 打印获取到的文件名列表
```

文件列表如图 11-3 所示:

图 11-3 文件列表

运行代码,结果如下:

```
['main.py', 'test.py', 'venv', '饮湖上初晴后雨.txt']
```

【项目实施】

文件备份工具的操作流程如下：

1）在 D 盘目录下创建两个文件夹，分别是"test1"和"test2"。

2）用户通过写入的方式，在"test1"中，创建一个文件"静夜思.txt"并将唐诗《静夜思》的内容写入。

3）通过 copy()函数备份文件，将文件备份到"test2"中，新文件的名称为"静夜思备份.txt"，并提示"备份成功"。

在备份文件或目录时，需要判断待备份的文件或目录是否已经存在：若指定备份的目录不存在，则新建一个指定的目录；若指定的文件不存在，则提示"备份的文件不存在！"，否则直接备份文件。

1. 项目代码

```python
# 将 D:/test1/静夜思.txt 备份到 D:/test2/静夜思备份.txt
# 原文件保持不动
import os
from shutil import copy
os.mkdir("D:/test1")
os.mkdir("D:/test2")
f = open(r"D:/test1/静夜思.txt","w",encoding="utf-8")
f.write("静夜思\n")
f.write("作者：(唐)李白\n")
f.write("床前明月光,疑是地上霜。\n")
f.write("举头望明月,低头思故乡。\n")
f.close()
original_document =r"D:/test1/静夜思.txt"
target_file =r"D:/test2/静夜思备份.txt"
if os.path.isfile(r"D:/test1/静夜思.txt"):
    copy(original_document, target_file)
    print("文件备份成功！")
else:
    print("原文件不存在！")
```

2. 自我评价

大家可以先自行编写文件备份的程序，然后进行调试，再对照项目代码，完成自我评价，见表 11-2。

表 11-2　自我评价表

评价要素	评价标准	评价分值	自我评价得分
创建两个文件夹	mkdir()函数的使用是否正确	25	
创建"静夜思.txt"	open()函数的使用是否正确	25	
"静夜思.txt"文件的写入	write()方法的使用是否正确	25	
备份文件	copy()函数的使用是否正确	25	

【项目总结】

本项目是文件的备份。在项目实施过程中,学习了以下知识与技能:
1) 理解文件在计算机中的存储形式,包括二进制文件和文本文件的区别。
2) 打开文件与关闭文件的几种方式。
3) 文件的读写操作。
4) 文件与目录的基本管理方式。

在本项目的实施中,需要注意文件的打开、写入和复制等基本功能。

【思考与练习】

1. 判断题

1) fi=fopen("t.txt","r+")执行后只能对"t.txt"文件进行读操作。(　　)

2) 二进制文件也可以使用记事本或其他文本编辑器打开,但是一般来说无法正常查看其中的内容。(　　)

3) 使用 Python 内置的 open( )函数打开某个文件的时候,如果该文件不存在,则可能产生异常。所以一定要使用 try…except 对其进行处理。(　　)

4) open("test.txt",'r+')是以只读模式打开"test.txt"文件。(　　)

5) 文本文件是可以迭代的,可以使用 for line in fp 类似的语句遍历文件对象 fp 中的每一行。(　　)

6) Python 内置的 open( )函数,打开文件的时候可能会产生异常。(　　)

7) 以读模式打开文件时,文件指针指向文件开始处。(　　)

8) 以追加模式打开文件时,文件指针指向文件结尾。(　　)

9) 先用 Python 内置的 open( )函数打开一个文件,创建一个 file 对象,才可以调用相关方法进行读写。(　　)

10) file 对象的 close( )方法刷新缓冲区里任何还没写入的信息并关闭该文件,这之后便不能再进行写入。(　　)

2. 单选题

1) 关于 Python 对文件的处理,以下选项中描述错误的是(　　)。
A. Python 通过解释器内置的 open( )函数打开一个文件
B. 当文件以文本方式打开时,读写按照字节流方式
C. 文件使用结束后要用 close( )方法关闭,释放文件的使用授权
D. Python 能够以文本和二进制两种方式处理文件

2) 以下选项中不是 Python 对文件的写操作方法的是(　　)。
A. writelines( )
B. write( )和 seek( )
C. writetext( )
D. write( )

3）文件"book.txt"在当前程序所在目录内，其内容是一段文本："book.txt"，下面代码的输出结果是（　　）。

txt = open("book.txt","r")

print(txt)

txt.close()

A．book.txt

B．txt

C．book

D．以上都不对

4）关于语句 f=open('demo.txt','r')，下列说法不正确的是（　　）。

A．demo.txt 文件必须已经存在

B．只能从 demo.txt 文件读数据，而不能向该文件写数据

C．只能向 demo.txt 文件写数据，而不能从该文件读数据

D．"r"方式是默认的文件打开方式

5）如下选项中，不是 Python 对文件的读操作方法的是（　　）。

A．readline()

B．readall()

C．readlines()

D．read()

6）关于 Python 文件处理，如下选项中描述错误的是（　　）。

A．Python 能处理 JPG 图像文件

B．Python 不能处理 PDF 文件

C．Python 能处理 CSV 文件

D．Python 能处理 Excel 文件

7）如下选项中，不是 Python 对文件的打开模式的是（　　）。

A．w　　　　　　B．+　　　　　　C．c　　　　　　D．r

8）下列哪个方法可以用于读取文件的全部内容？（　　）

A．read()

B．readlines()

C．readall()

D．readline()

9）关于 Python 文件打开模式的描述，如下选项中描述错误的是（　　）。

A．覆盖写模式 w

B．追加写模式 a

C．建立写模式 n

D．只读模式 r

项目 12　银行自动柜员机系统

[知识目标]
1. 了解面向对象编程思想及其与面向过程的区别。
2. 掌握类定义的语法规则。
3. 理解类属性和实例属性的区别。
4. 理解实例方法、类方法和静态方法的区别和用途。
5. 理解面向对象的 3 个基本特征：封装、继承和多态。

[技能目标]
1. 掌握类的定义与对象创建方式。
2. 学会使用类属性和实例属性。
3. 学会使用实例方法、类方法和静态方法。
4. 掌握构造方法与析构方法的使用。
5. 掌握类多种继承的实现。

[素养目标]
1. 养成良好的编程风格。
2. 善于通过编程来解决实际问题。
3. 加强安全意识，学会通过私有成员来保护信息。

【项目描述】

ATM 机是现代金融服务中必不可少的一部分，它让用户在任何时间都能够方便地进行银行业务处理，包括提取现金、存款、付款和转账等。但是，在实际使用中，可能会遇到一些 ATM 机故障或维护问题，甚至个别情况下 ATM 机本身可能存在漏洞。本项目使用 Python 模拟 ATM 机，让你更好地了解其工作原理和操作方法。

【项目分析】

本项目用 Python 程序模拟 ATM 机的关键功能特性，包括存款、取款、转账、查询余额、修改密码、退卡等，具体功能如图 12-1 所示。

图 12-1　银行 ATM 机功能图

【知识与技能储备】

编写 Python 程序来实现银行自动柜员机系统，需要了解面向对象编程思想，理解定义类与创建对象的方式，掌握类的成员属性与成员方法。

12.1 面向对象编程思想

面向对象是程序开发领域的重要思想，这种思想模拟了人类认识客观世界的思维方式，将开发中遇到的事物皆看作对象。Python 支持面向对象编程，且 3.X 版本的 Python 源码全部基于面向对象设计，因此了解面向对象编程思想对 Python 学习非常重要。

面向对象
编程思想

面向对象是当前主流的一种程序设计方法，现在的大部分应用都采用面向对象编程实现。

但是在面向对象设计之前，广泛采用的是面向过程，面向过程（Procedure Oriented）是一种以过程为中心的编程思想，以正在发生的事件为主要目标进行编程，与面向对象明显的不同就是缺少封装、继承、类。

12.1.1 面向过程的分析

面向过程其实是最基础的一种思考方式，就算是面向对象的方法也包含面向过程的思想。一般的面向过程是从上往下逐步求精，所以面向过程最重要的是模块化的思想方法。对比面向过程，面向对象的方法主要是把事物给对象化，对象包括属性与行为。当程序规模不大时，面向过程的方法体现出优势。因为程序的流程很清楚，按照模块与函数的方法可以很好地进行组织。以学生早上起来这件事为例说明面向过程，可以粗略地将过程总结为起床、穿衣、洗脸刷牙、去学校 4 步，而这 4 步就是逐步完成的，它的顺序很重要，学生只需要逐步实现就行了。而如果是用面向对象方法的话，可能只抽象出一个学生的类，它包括 4 个方法，但是方法的具体顺序并不固定。

12.1.2 面向对象的分析

面向对象将数据及对数据的操作方法放在一起，作为一个相互依存的整体——对象。同类对象抽象出其共性，形成类。类中的大多数数据，只能用本类的方法进行处理。类通过一个简单的外部接口与外界发生联系，对象与对象之间通过消息进行通信。程序流程由用户在使用过程中决定。

面向对象思想比较符合人的思维方式，把相关的数据和方法组织起来作为一个整体来看待，从更高的层次来进行系统建模，更贴近事物的自然运行模式。

面向对象的概念和应用，已超越了程序设计和软件开发，可扩展到数据库系统、交互式界面、应用架构、应用平台、分布式系统、网络管理结构、CAD 技术、人工智能等领域。

12.2 类与对象的基础应用

12.2.1 理解对象

类和对象

1. 什么是对象

由于计算机技术的不断发展需要解决人类在现实世界中的问题，程序必须模拟出客观世界存在的事物，而对象就是对这些事物的统称。简言之：万物皆对象，一切客观存在的事物在面向对象思想中统称为对象。

2. 对象的组成部分

客观存在的事物复杂多样，千奇百怪，形态各异，但无论什么对象都可以拆分为两部分。

1) 对象所具备的属性：对象有什么，决定了对象的特征。

2) 对象所具备的方法：对象能做什么，决定了对象的行为。

以使用的手机为例，手机的品牌、价格、颜色和重量都属于手机的特征，也就是手机的属性，而打电话、拍照、录像、闹钟等均属于使用手机的行为，也就是手机具备的方法，手机的属性和方法如图12-2所示。

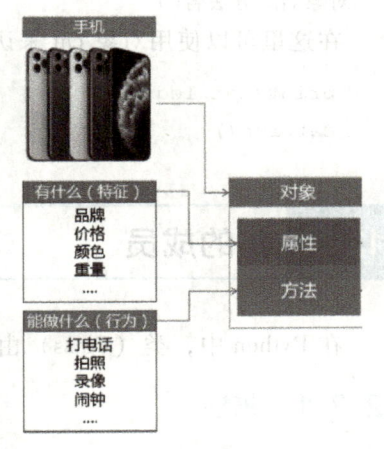
图12-2 手机对象分析

12.2.2 理解类

现实生活中，一类事物具有相似的特征或行为，通常会对这一类事物进行命名以区别于其他事物。同理，程序中的类也有名称，包含描述类特征的数据成员，以及描述类行为的成员函数，其中数据成员称为属性，成员函数称为方法。

简而言之，类就是对象的模板（设计图），用来描述对象具备的属性（特征）和方法（行为）。类是从多个相同类型的对象中抽取出来的共性，只保留程序所关注的部分。

12.2.3 类的定义

Python使用class关键字来定义一个类，语法格式如下：

```
class 类名:
    属性名 = 属性值
    def 方法名(self):
        方法体
```

以上格式中的class关键字标识类的开始，类名代表类的标识符，使用大驼峰命名法，首字母一般为大写字母。冒号之后定义属性和方法，属性类似于项目2中所学的变量，方法类似于项目10中所学的函数，但方法参数列表中的第1个参数是指代对象的默认参数self。

例如，定义一个类 Cat（猫），那么该类中包含描述猫腿数量的属性 legs 和描述猫跑步的方法 run()，示例代码：

```
class Cat:
    legs = 4
    def run(self):
        print("跑步")
```

12.2.4 对象的创建与使用

创建对象的语法格式如下：

对象名 = 类名()

创建一个 Cat 类的对象：cat = Cat()，其中，cat 是对象名，而 Cat 是类名。

对象的使用本质上就是对类或对象成员的使用，即访问属性或调用方法，语法格式如下：

对象名.属性名
对象名.方法名()

在这里可以使用对象 cat 来访问 legs 属性，并调用 run()方法，代码如下：

```
print(cat.legs)
cat.run()
```

12.3 类的成员

在 Python 中，类（Class）由以下主要成员组成：属性（Attributes）和方法（Methods）。

12.3.1 属性

属性用于存储类和实例的状态。在 Python 中，有两种类型的属性，分别是类属性和实例属性。

类属性

1. 类属性

类属性属于类本身，可以被类及其所有实例共享。类属性定义在类的内部，但位于方法之外。

例如，在下面这个程序中，定义了一个类 People，name 属于类属性，值为'人类'。然后生成对象 p，对象 p 和类 People 依次访问属性 name，输出的结果均为"人类"。这就证明了对象 p 和类 People 访问的 name 是同一个属性。

```
class People(object):
    name = '人类'           #类属性（公有）
p = People()                #创建实例对象
print(p.name)               #通过实例对象,打印类属性 name,结果为"人类"
print(People.name)          #通过类对象,打印类属性 name,结果为"人类"
```

在这里需要注意的是,虽然类属性可以通过类或对象进行访问,但只能通过类进行修改。示例程序如下:

```
class Cat:
    legs = 4
    def run(self):
        print("跑步")
cat = Cat()                    # 创建对象 cat
print(Cat.legs)                # 通过类 Cat 访问类属性,结果为 4
print(cat.legs)                # 通过对象 cat 访问类属性,结果为 4
Cat.legs = 3                   # 通过类 Cat 修改类属性 legs
print(Cat.legs)                # 结果为 3
print(cat.legs)                # 结果为 3
cat.legs = 4                   # 试图通过对象 cat 修改类属性 legs
print(Cat.legs)                # 结果为 3
print(cat.legs)                # 结果为 4
```

在上面这个程序中,由于类属性 legs=4,因此无论是通过类访问还是对象访问,输出结果均为 4,然后通过类 Cat 修改类属性 legs 的值为 3,因此后续访问的输出结果都是 3。由此可见,类属性可以通过类来进行修改。那么如果通过对象来修改类属性是否可以成功呢?cat.legs=4 就是试图用对象来修改 legs 的值,结果发现 Cat.legs=3,而 cat.legs=4。分析其原因不难发现,虽然同为 legs,但是 Cat.legs 是类属性,而 cat.legs 重新创建了一个属性,这就是接下来要介绍的实例属性。

2. 实例属性

实例属性属于类的各个实例,每个实例拥有独立的实例属性。实例属性通常在 __init__() 方法或其他实例方法中使用 self.属性名的形式进行定义。下面这个程序就展示了类属性和实例属性的定义位置。

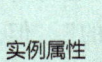

```
class Person:
    # 类属性
    species = 'human'
    def __init__(self, name):
        # 实例属性
        self.name = name
```

Python 支持动态添加实例属性,在前述案例中,语句 cat.legs = 4 就是动态添加实例属性。

```
class Cat:
    def run(self):
        self.legs = 4                      # 添加实例属性
cat = Cat()                                # 创建对象 cat
cat.run()
print(cat.legs)                            # 通过对象 cat 访问实例属性
```

实例属性只能通过对象进行访问，如果通过类进行访问就会报错，如下这个程序：

```
print(Cat.legs)                              # 通过类 Cat 访问实例属性
```

这一行程序试图通过类来访问实例属性，程序就会报出"type object 'Cat' has no attribute 'legs'"的错误。

12.3.2 方法

方法是类的功能或行为。Python 中的方法按定义方式和用途可以分为实例方法、类方法和静态方法。@classmethod 和 @staticmethod 是两个内置装饰器，分别用于将函数转换为类方法和静态方法。

1. 实例方法

实例方法是指在类中定义的普通方法，第一个参数必须是 self，用于表示实例本身。调用实例方法时，Python 会自动调用该方法的实例对象作为参数传递。只有实例对象才能调用实例方法。

```
class LongjingTea:                           # 定义 LongjingTea 类
    color = "绿色"
    def display(self):                       # 实例方法
        print("龙井茶是" + self.color)
longjingTea = LongjingTea()
# LongjingTea.display()                      # 通过类调用实例方法
longjingTea.display()                        # 通过对象调用实例方法
```

在上面这个程序中，longjingTea.display() 是通过对象来调用实例方法，运行结果是"龙井茶是绿色的"，但是 LongjingTea.display() 语句试图通过类来访问实例方法，则会报出"LongjingTea.display() missing 1 required positional argument：'self'"的错误，提示程序员 LongjingTea 是类，并没有 self 这个参数。

2. 类方法

类方法是定义在类内部，使用装饰器 @classmethod 修饰的方法。和实例方法不同的是，类方法第一个参数为 cls，代表类本身。类方法可以通过类和对象调用。

```
class LongjingTea:                           # 定义 LongjingTea 类
    color = "绿色"

    @classmethod
    def display(cls):                        # 类方法
        print("龙井茶是" + cls.color)
longjingTea = LongjingTea()
LongjingTea.display()                        # 通过类调用类方法
longjingTea.display()                        # 通过对象调用类方法
```

在这个程序中，display(cls) 方法前面有个装饰器 @classmethod，这就意味着该方法是类方法，可以通过类 LongjingTea 和对象 longjingTea 来调用类方法。

在类方法中，可以使用 cls 访问和修改类属性的值。例如下面这段程序：

```python
class LongjingTea:           # 定义 LongjingTea 类
    color = "绿色"
    place = "西湖"
    @classmethod
    def display(cls):        # 类方法
        print("龙井茶是" + cls.color + ",产地" + cls.place)
        cls.place = "浙江"   # 使用 cls 修改类属性
        print("龙井茶是" + cls.color + ",产地" + cls.place)
LongjingTea.display()        # 通过类调用类方法
```

龙井茶分为西湖龙井和浙江龙井两个品种。在类方法中，可以通过 cls.color 和 cls.place 来访问它的属性值。如果要将产地改为浙江，可以使用"cls.place = "浙江""来修改属性值。

那么类方法究竟使用在什么场景下呢？在 Python 类中，有一个叫作__init__()的方法，它会在类实例化时默认自动调用，这种方法被称为构造方法。但是构造方法在一个类中只能够有一个，那么类方法（其参数指向类本身）就可以用来模拟构造方法的作用，让类可以根据不同的情况去自动进行实例化，示例如下：

```python
class LongjingTea:
    def __init__(self, color, place):
        self.color = color
        self.place = place
    # 类方法
    @classmethod
    def class_method_create(cls, color, place):
        longjingTea = cls(color=color, place=place)
        return longjingTea
# 实例化类并调用方法
longjingTea1 = LongjingTea.class_method_create("绿色","西湖")
#结果是"龙井茶是绿色,产地西湖"
print("龙井茶是" + longjingTea1.color + ",产地" + longjingTea1.place)
```

在这个程序中，__init__(self, color, place) 是构造方法，初始化 color 和 place 属性值，本程序并未通过调用构造方法来实例化对象，而是通过类方法 class_method_create() 来实例化对象 longjingTea。

3. 静态方法

静态方法是定义在类内部，使用装饰器 @staticmethod 修饰的方法，静态方法没有任何默认参数。在下面这个程序中，@staticmethod 修饰的 display() 方法就是静态方法，可以在不实例化该类的情况下直接调用该方法。

```python
class LongjingTea:
    @staticmethod
    def display():                    # 静态方法
        print("龙井茶是绿茶")
LongjingTea.display()
```

静态方法可以通过类和对象调用，如下面这段程序，就是使用类 LongjingTea 和对象 longjingTea 来调用静态方法 display()：

```
class LongjingTea:                    # 定义 LongjingTea 类
    @staticmethod
    def display():                    # 静态方法
        print("龙井茶是绿茶")
longjingTea = LongjingTea()
LongjingTea.display()                 # 通过类调用静态方法
longjingTea.display()                 # 通过对象调用静态方法
```

静态方法内部不能直接访问属性或方法，但可以使用类名访问类属性或调用类方法。如下面这段程序所示：

```
class LongjingTea:                    # 定义 LongjingTea 类
    color = "绿色"
    place = "西湖"
    @staticmethod
    def display():                    # 静态方法
        print("龙井茶是"+LongjingTea.color + "产地是" + LongjingTea.place)
longjingTea = LongjingTea()
LongjingTea.display()                 # 通过类调用静态方法
longjingTea.display()                 # 通过对象调用静态方法
```

那么静态方法的存在有什么意义呢？或者说静态方法通常用在什么场景呢？静态方法的用途如下。

（1）工具函数管理

使用静态方法可以将一些不需要实例状态控制的函数或工具函数放在类中进行管理，方便管理和调用。

```
class Tools:
    @staticmethod
    def add(a, b):
        return a + b
    @staticmethod
    def reduce(a, b):
        return a - b
result1 = Tools.add(3, 4)
result2 = Tools.reduce(3, 4)
print(result1)#7
print(result2)#-1
```

在这个程序中，由于 add() 和 reduce() 方法并不需要实例对象进行调用，因此设置为静态方法，由类进行统一调用。

(2) 类状态控制

如果需要控制类的状态，可以用静态方法来完成。静态方法可以调用类属性、类方法等。

```python
class Users:
    user_count = 0
    def __init__(self, name):
        self.name = name
        Users.user_count += 1
    @staticmethod
    def get_user_count():
        return Users.user_count
user1 = Users('Tom')
user2 = Users('Jerry')
print(Users.get_user_count())#2
```

上述代码中，用静态方法来获取当前的用户数，在调用时，无需传入实例参数。

现在对实例方法、类方法、静态方法 3 者的区别进行总结，如表 12-1 所示。

表 12-1 实例方法、类方法、静态方法的比较

	实例方法	类方法（classmethod）	静态方法（staticmethod）
定义方式	self 作为第一个参数	cls 作为第一个参数	无强制参数
绑定对象	类的实例	类	无
调用方式	只能通过类的实例调用	类或类的实例均可调用	类或类的实例均可调用

12.3.3 私有成员

在 Python 中，一个类的成员（成员变量、成员方法）是否为私有，完全由这个成员的名字决定。如果一个元成员的名字以两个下画线"__"开头，但不以两个下画线"__"结尾，则这个元素为私有的（private）；否则，则为公有的（public）。私有成员的语法格式如下：

__属性名

__方法名

私有成员不以两个下画线结尾；所有运算符重载方法，以及一些特殊的成员方法（如构造函数），都是以两个下画线开头、两个下画线结尾，而且它们都是公有的。

私有成员只能在类内部访问；如果在类外部访问一个私有成员，系统会抛出一个异常，提示这个成员不存在。请看如下代码：

```python
class CreditCard:                        #定义信用卡类
    id="62332324523234**"                #定义卡号
    __password="888888"                  #定义初始密码
    __balance=100                        #设置余额
creditCard = CreditCard()
print(creditCard.id)
print(creditCard.__password)
```

运行这个程序就会报错,出错的信息是"'CreditCard' object has no attribute '__password'"。可以看出来,类的内部定义的私有变量__password 和__balance 并不允许在外部进行直接访问。

如果类的外部需要得到私有变量的值,那么可以通过公有方法进行中转,如下面的程序:

```
class CreditCard:                          #定义信用卡类
    id="62332324523234**"                  #定义卡号
    __password="888888"                    #定义初始密码
    __balance=100                          #设置余额
    def display_balance(self):
        print(self.__balance)
creditCard = CreditCard()
print(creditCard.id)
creditCard.display_balance()
```

在这个程序中,display_balance()方法是公有的,因此在类的外部可以直接访问,而方法的功能就是输出信用卡的余额。

有读者会思考一个问题:私有成员的出现就是为了保证类中数据是安全的,那么提供公有方法进行中转,是不是反而不安全了呢?其实,Python 规定私有成员的访问机制是为了实现封装性,这样私有成员不能在类外部实现直接访问,但可以通过对公有方法的合理调用机制来保证私有成员的安全性。

12.4 特殊方法

Python 中的特殊方法是一类以双下画线"__"开头和结尾的方法,也称为魔术方法,如表 12-2 所示。这些方法在 Python 中具有特殊的用途和含义,可以自定义类的行为和操作。

表 12-2 特殊方法(魔法方法)

序号	特殊方法	含义
1	__init__(self[,args…])	构造方法,创建一个新对象时调用,其中,self 代表当前类的一个实例对象
2	__del__(self)	析构方法,当对象被删除时调用
3	__repr__(self)	定义对象的字符串表示,通过重载该方法可以自定义输出对象的字符串表示
4	__str__(self)	定义对象的字符串表示,与__repr__()功能相同,但是在打印对象的 str()方法时被调用
5	__bytes__(self)	定义对象的字节表示,用于调用 bytes()内置函数时调用
6	__format__(self, f__spec)	定义格式化字符串,与 format()内置函数结合使用
7	__hash__(self)	定义对象的哈希值,用于字典、集合等数据结构
8	__bool__(self)	定义对象的布尔值,该方法必须返回 True 或 False
9	__getattr__(self, name)	动态返回某个属性的值

（续）

序号	特殊方法	含义
10	__setattr__(self, name, value)	动态设置某个属性的值
11	__eq__(self, other)	定义对象间的等于操作,当使用"=="比较两个对象时被调用
12	__ne__(self, other)	定义对象间的不等于操作,当使用"!="比较两个对象时被调用
13	__lt__(self, other)	定义对象间的小于操作,当使用"<"比较两个对象时被调用
14	__le__(self, other)	定义对象间的小于或等于操作,当使用"<="比较两个对象时被调用
15	__gt__(self, other)	定义对象间的大于操作,当使用">"比较两个对象时被调用
16	__ge__(self, other)	定义对象间的大于或等于操作,当使用">="比较两个对象时被调用
17	__add__(self, other)	定义对象间的加法操作,当使用"+"运算符时被调用
18	__sub__(self, other)	定义对象间的减法操作,当使用"-"运算符时被调用
19	__mul__(self, other)	定义对象间的乘法操作,当使用"*"运算符时被调用
20	__truediv__(self, other)	定义对象间的除法操作,当使用"/"运算符时被调用
21	__floordiv__(self, other)	定义对象间的整除操作,当使用"//"运算符时被调用
22	__mod__(self, other)	定义对象间的取模操作,当使用"%"运算符时被调用
23	__pow__(self, other[, modul])	定义对象间的幂运算操作,当使用"**"运算符时被调用
24	__lshift__(self, other)	定义对象间的左移位操作,当使用"<<"运算符时被调用
25	__rshift__(self, other)	定义对象间的右移位操作,当使用">>"运算符时被调用
26	__and__(self, other)	定义对象间的位与操作,当使用"&"运算符时被调用
27	__or__(self, other)	定义对象间的位或操作,当使用"|"运算符时被调用
28	__xor__(self, other)	定义对象间的异或操作,当使用"^"运算符时被调用
29	__invert__(self)	定义对象的按位取反操作,当使用"~"运算符时被调用
30	__call__(self[, args…])	定义可调用对象,使实例对象可以像函数一样被调用

本书主要介绍构造方法和析构方法。

12.4.1 构造方法

__init__()是Python中最常用的特殊方法之一,也被称为构造方法。当创建一个类的实例时,__init__()方法会被自动调用,用于初始化对象的属性。每个类都有一个默认的__init__()方法,也可以在类中显式定义__init__()方法。__init__()方法可以分为无参构造方法和有参构造方法。

1. 无参构造方法

无参构造方法就是参数列表中没有参数的构造方法,如下面这个程序:

```
class LongjingTea:
    def __init__(self):    # 无参构造方法
        self.color = "绿色"
    def display(self):
        print("龙井茶的颜色为:" + self.color)
longjingTea_one = LongjingTea()    # 创建对象 longjingTea_one 并初始化
```

```
longjingTea_one.display()
longjingTea_two = LongjingTea()    # 创建对象 longjingTea_two 并初始化
longjingTea_two.display()
```

程序的运行结果为：

龙井茶的颜色为绿色
龙井茶的颜色为绿色

在这个程序中，__init__(self)就是无参构造方法，在生成对象时，longjingTea_one = LongjingTea()和longjingTea_two = LongjingTea()语句就是在调用这个构造方法。此时如果在LongjingTea()的括号里面加上任何参数，程序都会出错。例如，修改程序为longjingTea_one = LongjingTea("绿色")，运行结果如下：

```
Traceback (most recent call last):
  File "D:\Python\pythonProject1\test.py", line 41, in <module>
    longjingTea_one = LongjingTea("绿色")            # 创建对象 longjingTea_one 并初始化
                      ^^^^^^^^^^^^^^^^^^^
TypeError: LongjingTea.__init__() takes 1 positional argument but 2 were given
```

错误的原因是__init__()方法设置了一个位置参数，但是却提供给它两个。

2. 有参构造方法

有参构造方法就是参数列表除了 self 这个默认参数以外，还提供了其他参数的构造方法。如下面这个程序：

```
class LongjingTea:
    def __init__(self, place):              # 有参构造方法
        self.place = place                  # 将形参赋值给属性
    def display(self):
        print(self.place + "龙井茶的产地为:" + self.place)
longjingTea_one = LongjingTea("西湖")       # 创建对象 longjingTea_one 并初始化
longjingTea_one.display()
longjingTea_two = LongjingTea("浙江")       # 创建对象 longjingTea_two 并初始化
longjingTea_two.display()
```

程序的运行结果为：

西湖龙井茶的产地为:西湖
浙江龙井茶的产地为:浙江

在这个程序中，构造方法__init__(self, place)的参数列表里面除了 self 参数（默认参数，指对象本身），还提供了 place 参数。这种构造方法就属于有参构造方法。

同理，在这个程序中如果生成对象的时候不提供参数，那么程序也会出错，如修改程序内容为 longjingTea_one = LongjingTea()，程序一旦运行，就会提示如下出错信息：

```
Traceback (most recent call last):
  File "D:\Python\pythonProject1\test.py", line 41, in <module>
```

```
        longjingTea_one = LongjingTea()                      # 创建对象 longjingTea_one 并初始化
TypeError: LongjingTea.__init__() missing 1 required positional argument: 'place'
```

提示信息表明，__init__()方法在调用的时候缺少了一个位置参数"place"。

构造方法是系统在生成对象的时候自动调用的，不能人为进行显式调用，如 longjingTea_one.__init__()就是错误的。

细心的读者就会提出一个疑问，在前面的程序中：

```
class CreditCard:                       #定义信用卡类
    id="62332324523234**"               #定义卡号
    __password="888888"                 #定义初始密码
    __balance=100                       #设置余额
creditCard = CreditCard()
```

并没有提供构造方法，那么是如何生成对象的呢？其实 Python 已经默认提供了一个构造方法，程序如下：

```
def __init__(self):                     # 默认构造方法
    pass
```

这个默认构造方法在程序未提供任何构造方法时存在，方法的参数列表只有 self，同时方法体不做任何事情。一旦程序中显式定义了有参或无参构造方法，这个默认构造方法即被覆盖。

12.4.2 析构方法

析构方法（即__del__()方法）是销毁对象时系统自动调用的方法，每个类都有一个默认__del__()方法，可以显式定义析构方法。

```
class LongjingTea:
    def __init__(self):                 # 无参构造方法
        print("泡好龙井茶")
        self.color = "绿色"
    def display(self):
        print("龙井茶的颜色为:" + self.color)
    def __del__(self):                  # 析构方法
        print("倒掉龙井茶")
longjingTea = LongjingTea()             # 创建对象并初始化
longjingTea.display()
```

程序的运行结果如下：

泡好龙井茶
龙井茶的颜色为:绿色
倒掉龙井茶

在这个程序中,首先定义了构造方法__init__(self),在构造方法中,打印"泡好龙井茶",然后定义color的值为绿色。接着定义display(self)方法,这个方法主要是输出"龙井茶的颜色为:绿色"。最后定义了析构方法__del__(self),打印"倒掉龙井茶"。longjingTea=LongjingTea()语句调用了构造方法,打印了"泡好龙井茶",longjingTea.display()调用了display()方法,打印了"龙井茶的颜色为:绿色",程序在结束前会自动调用析构方法,因此打印了"倒掉龙井茶"这句话。

析构方法的存在是因为Python有自动回收垃圾的机制,当Python程序结束时,Python解释器会检测当前是否有需要释放的内存空间,如果有就自动调用del语句删除。

在Python中是否可以手动删除对象呢,如del longjingTea?答案是可以,但是一个对象只能删除一次,如果手动调用del语句,那么自动回收垃圾的机制将不予操作。

12.5 面向对象的3个基本特征

面向对象的开发范式其实是对现实世界的理解和抽象的方法,那么,具体如何将现实世界抽象成代码呢?这就需要运用面向对象的3大基本特征,分别是封装、继承和多态。

12.5.1 封装

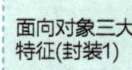

所谓封装,就是把客观事物封装成抽象的类,并且类可以把自己的数据和方法只让可信的类或对象操作,对不可信的类或对象隐藏信息。

简单地说,一个类就是一个封装了数据及操作这些数据的代码的逻辑实体。在一个对象内部,某些代码或某些数据可以是私有的,不能被外界访问。通过这种方式,对象对内部数据提供了不同级别的保护,以防止程序中无关的部分意外地改变或错误地使用了对象的私有部分。

```
class Student:
    def __init__(self, name, score):
        self.name = name
        self.__score = score          # 给私有属性赋值
# 创建对象
xuming = Student("徐明", 82)
print(xuming.__score)
```

运行结果如下:

Traceback (most recent call last):

```
File "D:\Python\pythonProject1\Student.py", line 7, in <module>
    print(xuming.__score)
          ^^^^^^^^^^^^^^
AttributeError: 'Student' object has no attribute '__score'
```

上面这个程序定义了一个类 Student，构造方法中初始化 name 和 __score，为了保护隐私将成绩进行了私有化。在类的外部创建了 xuming 对象，在打印成绩时出现了错误。这意味着 __score 已经被私有化了，类的外部是不能直接进行访问的。为了解决这个问题，同时为了契合封装思想，在定义类时需要满足以下两点要求：

1）将类属性声明为私有属性。
2）添加两个供外界调用的公有方法，分别用于设置或获取私有属性的值。
因此，将程序进行如下修改：

```
class Student:
    def __init__(self, name, score):
        self.name = name
        self.__score = score
    def setScore(self,score):      # 给私有属性赋值
        # 判断传入的参数是否符合要求,符合后才能赋值
        if score >= 0 and score <= 100:
            self.__score = score
    def getScore(self):            # 获取私有属性的值
        return self.__score
# 创建对象
xuming = Student("徐明", 82)
print(xuming.name)
print("修改前的成绩:",xuming.getScore())
xuming.setScore(90)
```

修改后的程序增加了 setScore( )方法和 getScore( )方法，前者是设置成绩，后者是获取成绩。并且在设置成绩时，还添加了对成绩进行检查的过程，即只有成绩在 0~100 分之间是合理的。在类的外部，通过 xuming.getScore( )方法来获取徐明同学的成绩。这样，既实现了数据的封装，又能正确合理地使用被封装的数据。

封装的意义在于：
1）提高代码的可维护性。将数据和行为封装在一个单元内可以避免外部程序直接访问或修改对象的属性，从而保证了程序的安全性，减少了程序出错的机会。同时，这也方便了代码的维护，因为只需修改单个单元中的代码即可达到修改整个程序的效果。
2）提高代码的可重用性。由于封装使得对象具有独立的行为与数据，这些对象可以被多处调用，从而提高了代码的可重用性。
3）提高程序的开发效率。封装让程序员只需要关注对象的行为和使用方法，而无需关

心对象的实现细节，因此大幅提高了开发效率。

12.5.2 继承

继承主要用于描述类与类之间的关系，在不改变原有类的基础上扩展其功能。

若类与类之间具有继承关系，被继承的类称为父类或基类，继承其他类的类称为子类或派生类，子类会自动拥有父类的公有成员。

继承的优点：

1）提高了代码的复用性。
2）提高了代码的可维护性。
3）在类与类之间产生了关系，是多态的前提。

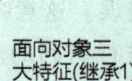

面向对象三大特征(继承1)

继承的语法格式：

class 子类名(父类名)

说明：

1）子类继承父类的同时，会自动拥有父类的公有成员。
2）自定义类，默认继承父类 object。

Python 支持单继承和多继承两种形式，单继承即子类继承于一个父类，多继承即子类继承多个类。同时，基于继承，Python 还支持方法重写。

1. 单继承

单继承，即子类只继承一个父类。在现实生活中，波斯猫、折耳猫、短毛猫都属于猫类，它们之间存在的继承关系即为单继承，继承关系如图 12-3 所示。

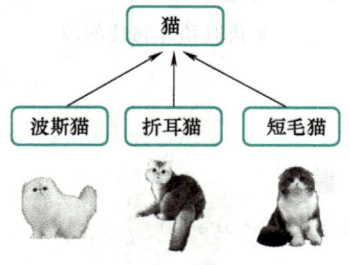

图 12-3 猫的继承关系

```python
class Cat(object):
    def __init__(self, color):
        self.color = color
    def walk(self):
        print("走猫步~")
# 定义继承 Cat 的 PersianCat 类
class PersianCat(Cat):
    pass
persianCat = PersianCat("白色")                    # 创建子类的对象
print(f"{persianCat.color}的波斯猫")                # 子类访问从父类继承的属性
persianCat.walk()
```

程序运行结果如下:

白色的波斯猫
走猫步~

在这个程序中，Cat 类继承 object 类，因此将 object 类写在 class Cat(object)的括号里面。在 Cat 类中，定义两个方法，一个是构造方法，用于初始化 self.color 值，一个是 walk()方法，显示"走猫步~"。在 Cat 类后面，又定义一个 PersianCat 类，它的父类是 Cat，这就意味着和 Cat 形成了继承关系，PersianCat 是子类，Cat 是父类。在 PersianCat 类中不做任何处理，只是提供了占位语句 pass。然后定义 persianCat 对象，它的毛色是白色。接着打印输出"{persianCat.color}的波斯猫"并调用 persianCat.walk()语句。

细心的读者会在这里提出一个问题：PersianCat 类并没有定义构造方法，如何对猫的颜色进行赋值？PersianCat 类中也没有 walk()方法，那么子类对象 persianCat 如何能够成功调用？首先要知道，每个类都有一个默认的__init__()构造方法，在父类 Cat 中属于显式定义，在子类 PersianCat 中就属于隐式定义。同时，在生成子类对象时，会自动调用子类构造方法，子类构造方法又会自动调用父类构造方法，因此猫的颜色就是通过两次调用被赋值的。接下来，解决子类对象 persianCat 如何调用 walk()方法的问题，虽然在子类中没有 walk()方法，但是父类中有，并且在父类中属于公有的方法，通过继承关系，子类也拥有了 walk()方法，这样就被子类对象调用了。

面向对象三
大特征(继承2)

子类不会拥有父类的私有成员，也不能访问父类的私有成员。

```
# 定义一个父类 Father
class Father(object):
    def __init__(self,color = "黄色"):
        self.__color = color          # 私有属性
    def __show(self):                 # 私有方法
        print(self.__color)
# 定义一个 Father 类的子类 Son
class Son(Father):
    def sonVisit(self):
        print(self.__color)           # 访问父类的私有属性
        self.__show()                 # 访问父类的私有方法
jack = Son("深棕色")
jack.sonVisit()
```

运行结果：

```
Traceback (most recent call last):
  File "D:\Python\pythonProject1\FatherAndSon.py", line 13, in <module>
    jack.sonVisit()
  File "D:\Python\pythonProject1\Father And Son.py", line 10, in sonVisit
    print(self.__color)          # 访问父类的私有属性
```

AttributeError: 'Son' object has no attribute '_Son__color'

在这个案例中，定义了一个父类 Father，在父类中有两个方法：一个是构造方法，另一个是 show() 方法。构造方法是对 self.__color 进行初始化，在这里 color 是私有属性。接着定义一个子类 Son，子类的构造方法要去访问父类的私有属性 color，同时还想去访问父类的私有方法 show。运行程序时报出错误，错误的信息是 "'Son' object has no attribute '_Son__color'"，这就意味着父类的私有属性在子类中是无法继承的，既然子类没有自己的 __color 属性，当然就无法访问了。

2. 多继承

Python 支持多继承，即程序中的一个类也可以继承多个类，这样子类具有多个父类，也自动拥有所有父类的公有成员。例如，房屋的功能是居住，汽车的功能是行驶，而同时继承房屋和汽车的房车，既拥有居住的功能，也有行驶的功能，继承关系如图 12-4 所示。

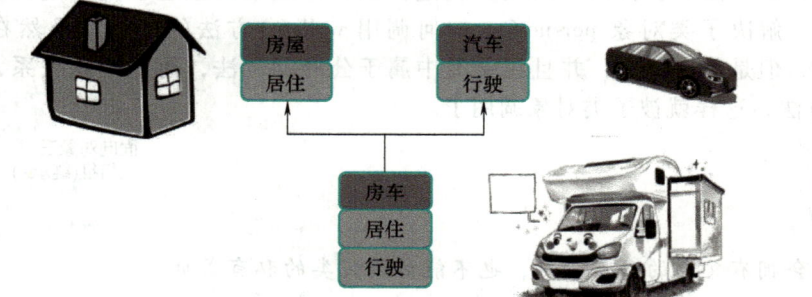

图 12-4 房车的继承关系

多继承的语法格式如下：
class 子类名(父类名1, 父类名2, …):
接下来，提供一个案例来深入了解多继承的使用。

```python
class House(object):
    def live(self):            # 居住功能
        print("功能是供人居住")
# 定义一个表示汽车的类 Car
class Car(object):
    def drive(self):           # 行驶功能
        print("功能是行驶")
# 定义一个表示房车的类 TouringCar
class TouringCar(House, Car):
    pass
tour_car = TouringCar()
tour_car.live()                # 子类对象调用 House 的方法
tour_car.drive()               # 子类对象调用 Car 的方法
```

运行结果：

功能是供人居住
功能是行驶

在这个案例中分别定义了 3 个类，其中 House 和 Car 类是两个父类，在 House 类中有一个方法是 live()，显示"功能是供人居住"，在 Car 类中有一个方法 drive()，显示"功能是行驶"。TouringCar 是子类，它同时继承了 House 类和 Car 类。接着创建房车对象 tour_car，这个对象既可以调用 live() 方法，又可以调用 drive() 方法，因为这两个方法都是通过子类继承父类得到的。

如果出现一种特殊情况，House 类和 Car 类这两个父类中有一个同名的方法，那么子类会调用哪个父类的方法呢？对程序稍作修改，在 House 类和 Car 类分别加入同名的方法 purpose()，包括其参数列表也一致，让子类对象 tour_car 去调用 purpose() 方法，从运行结果中会发现，子类对象会去调用父类 House 的 purpose() 方法，而不会调用父类 Car 的 purpose() 方法。

```python
# 定义一个表示房屋的类 House
class House(object):
    def live(self):                    # 居住功能
        print("功能是供人居住")
    def purpose(self):                 # 用途
        print("居住和办公")
# 定义一个表示汽车的类 Car
class Car(object):
    def drive(self):                   # 行驶功能
        print("功能是行驶")
    def purpose(self):                 # 用途
        print("载人和载物")
# 定义一个表示房车的类 TouringCar
class TouringCar(House, Car):
    pass
tour_car = TouringCar()
tour_car.live()                        # 子类对象调用 House 的方法
tour_car.drive()                       # 子类对象调用 Car 的方法
tour_car.purpose()                     # 子类对象调用 purpose() 方法
```

运行结果：

功能是供人居住
功能是行驶
居住和办公

从程序运行结果得知，如果子类继承的多个父类是平行关系，那么子类先继承哪个类，便会先调用哪个类的同名方法。这个案例中，由于 House 写在了 Car 的前面，House 类先被子类继承，所以调用的是 House 的 purpose() 方法。

3. 重写

方法重写又称方法覆盖,即子类不想原封不动地继承父类的方法,而是想做一定的修改,这就需要采用方法的重写。Python 的重写分为两种:一种是覆盖式重写,另一种是扩展式重写。

重写

(1) 覆盖式重写

父类中的方法不满足使用需求时,进行覆盖式重写,在子类中重新实现所需要的方法。

```python
# 定义一个类表示人类
class Person(object):
    def greet(self):
        print("打招呼!")
# 定义一个类表示中国人的类
class Chinese(Person):
    def greet(self):              # 重写的方法
        print("您好,您吃了吗?")
chinese = Chinese()
chinese.greet()                   # 子类调用重写的方法
```

运行结果:

```
您好,您吃了吗?
```

在这个案例中,首先定义了 Person 类并将它作为父类,Person 类中有一个方法 greet(),显示的信息是"打招呼!",然后定义了 Chinese 类并将它作为 Person 类的子类。在 Chinese 类中也有一个方法 greet(),显示的信息是"您好,您吃了吗?",并且两个类中的 greet() 方法同名,只是方法体的内容不相同。这样,创建子类对象 chinese,调用 greet() 方法时就调用了子类中自定义的 greet() 方法。通过这个案例可以发现,若要在子类中定义与父类方法同名的方法,在方法中按照子类需求重新编写功能代码就可以了。

(2) 扩展式重写

如果子类还需要父类中的功能,只是又添加了新功能,那么就采用扩展式重写。
- 在子类中重新定义和父类同名的方法。
- 在子类代码中使用 super().方法名() 调用父类中的功能。
- 书写新的功能。

```python
# 定义一个类表示人类
class Person(object):
    def greet(self):
        print("打招呼!")
# 定义一个类表示中国人
class Chinese(Person):
    def greet(self):
        super().greet()           # 调用父类被重写的方法
        print("您好,您吃了吗?")
chinese = Chinese()
chinese.greet()                   # 子类调用重写的方法
```

运行结果：

打招呼！
您好,您吃了吗?

在这个案例中，在定义 greet()方法时，先通过 super().greet()来调用父类被重写的方法，然后完善子类的方法体内容。

12.5.3 多态

多态是面向对象编程中的一个重要概念，它指的是同一种类型的对象，在不同的情况下表现出不同的行为。换句话说，多态允许使用不同的对象调用相同的方法，但获得的结果不同。

面向对象三大特征（多态1）

多态可以提高代码的可重用性和灵活性，使得代码更容易扩展和维护。在 Python 中，多态通常与继承一起使用，可以通过方法重写和多重继承来实现。

```python
#定义人类
class Person(object):
    def work(self):                    # 工作的方法
        print("--Person--work--")
# 定义学生类,继承自人类
class student(Person):
    def work(self):                    # 重写父类的方法
        print("--认真学习--")
# 定义教师类,继承自人类
class Teacher(Person):
    def work(self):                    # 重写父类的方法
        print("--传道授业--")
# 定义一个函数
def func(temp):
    temp.work()
student =student()
func(student)
teacher =Teacher()
func(teacher)
```

运行结果：

--认真学习--
--传道授业--

在这个程序中，先定义了 Person（人）类，拥有一个 work()方法；接着定义了继承自 Person 的两个子类 Student（学生）和 Teacher（教师），在两个类中分别重写了 work()方法；然后定义了一个带参数的函数 func()，在该函数中调用了 work()方法；最后分别创建了 Student（学生）类的实例对象 student 和 Teacher（教师）类

面向对象三大特征（多态2）

的实例对象 teacher，并作为参数调用了 func( ) 函数。从程序运行的结果可知，通过向函数中传入不同的对象，work( ) 方法打印出不同职业的工作。当把 student 作为参数传给 func( ) 函数时，func( ) 函数调用的是 Student 类的 work( ) 方法；当把 teacher 作为参数传给 func( ) 函数时，func( ) 函数调用的是 Teacher 类 work( ) 方法。调用同一个方法，却出现了两种表现形式，这就是多态过程的体现。

【项目实施】

本系统基于面向对象程序设计开发，要实现存款、取款、转账、查询余额、修改密码、退卡等功能。

1）首先定义信用卡类 CreditCard，在这个类中有构造方法，用于初始化卡号、密码和余额。
2）同时在 CreditCard 类里面还需要定义存款、取款、转账、查询余额、修改密码等方法。
3）存款的主要功能是增加余额。
4）取款时要注意，所取的款额不能大于余额。
5）转账时需要设计一个账号，用于转账测试。所转的款额从本卡转到测试账号中。
6）更改密码需要事先验证旧密码，验证通过才能修改旧密码。

1. 项目代码

```python
class CreditCard:
    def __init__(self,id,password,balance):   #构造方法,生成对象时自动调用
        self.id = id
        self.password = password
        self.balance = balance
    def show_balance(self):
        print("您的余额为:",self.balance)
    def save_money(self,money):
        self.balance = self.balance + money
    def transfer_accounts(self,money):
        if (self.balance >= money):
            return True
        else:
            return False
    def withdraw_money(self,money):
        if (self.balance>=money):
            self.balance = self.balance - money
        else:
            print("您的余额不足!")
    def modif_password(self):
        password = input("请输入旧密码:")
        if(self.password == password):
            print("验证通过!")
            password = input("请输入新密码:")
```

```python
            self.password = password
            print("密码修改成功!")
        else:
            print("验证失败!")
creditCard = CreditCard("6222","8888",99.0)
creditCard_test = CreditCard("6233","8888",99.0)
number = 0
while True:
    print("* * * * * * * * * * * * * * * * * * * * * * * * * * * * * * * * * * * * * * * * *")
    print("* * * * * * * *     欢迎使用本银行自动柜员系统     * * * * * * * *")
    print("* * * * * * * * * * * * * * * * * * * * * * * * * * * * * * * * * * * * * * * * *")
    print("请选择以下功能:")
    print("1. 登录")
    print("2. 退出")
    choice_1 = int(input("请输入正确数字"))
    if (choice_1 == 1):
        id = input("请输入账号:")
        password = input("请输入密码:")
        if ((id==creditCard.id)and(password == creditCard.password)):
            print("登录成功!")
            while True:
                print("---------------")
                print("-1. 取款        ")
                print("-2. 存款        ")
                print("-3. 转账        ")
                print("-4. 修改密码    ")
                print("-5. 查询余额    ")
                print("-6. 退卡        ")
                print("---------------")
                choice_2 = int(input("请输入对应功能的数字:"))
                if (choice_2==1):
                    money = int(input("请输入取款金额"))
                    creditCard.withdraw_money(money)
                elif (choice_2 == 2):
                    money = int(input("请输入存款金额"))
                    creditCard.save_money(money)
                elif (choice_2 == 3):
                    other_money = int(input("请输入转账金额"))
                    if creditCard.transfer_accounts(other_money)==True:
                        creditCard_test.save_money(other_money)
```

```
                creditCard.withdraw_money(other_money)
                print("转账成功!")
            else:
                print("您的余额不足以转账!")
        elif (choice_2 == 4):
            creditCard.modif_password()
        elif (choice_2 == 5):
            creditCard.show_balance()
        elif (choice_2 == 6):
            break
    else:
      print("请重新登录! ~")
      number = number + 1
      if(number == 3):
        print("三次验证均不通过,您的卡被吞了,请联系工作人员!")
        break
elif(choice_1 == 2):
  print("欢迎再次使用本银行自动柜员机!")
  break
else:
  print("输入数字错误!")
```

2. 自我评价

大家可以先自行编写银行 ATM 机的程序,然后进行调试,再对照项目代码,完成自我评价,见表 12-3。

表 12-3 自我评价表

评价要素	评价标准	评价分值	自我评价得分
登录界面的设计	是否包括登录和退出功能	10	
登录后功能界面设计	是否包括存款和取款等功能	10	
主类的定义	CreditCard 类中是否包括必要的成员属性和方法	20	
取款	withdraw_money( )方法的定义和调用是否正确	10	
存款	save_money( )方法的定义和调用是否正确	10	
转账	transfer_accounts( )方法的定义和调用是否正确	10	
修改密码	modif_password( )方法的定义和调用是否正确	10	
查询余额	show_balance( )方法的定义和调用是否正确	10	
系统退出	是否调用 break( )方法	10	

【项目总结】

本章主要介绍了面向对象编程思想、类与对象的基础应用、类的成员、特殊方法，以及面向对象的 3 个基本特征。

本项目是银行自动柜员机系统的实现。在项目实施过程中，学习了以下知识与技能：

1）了解面向对象编程思想，以及它与面向过程的区别。
2）掌握如何定义类和创建对象。
3）理解类属性和实例属性的区别与使用方法。
4）掌握实例方法、类方法和静态方法的定义与使用。
5）了解私有成员的表示与访问方式。
6）掌握构造方法与析构方法的定义和使用。
7）理解面向对象的 3 个基本特征：封装、继承和多态。

在本项目的实施中，需要注意 CreditCard 类的定义，包括 password、balance 两个属性，以及各类成员方法的定义与调用。

【思考与练习】

1. 判断题

1）定义类时所有实例方法的第一个参数用来表示对象本身，在类的外部通过对象名来调用实例方法时不需要为该参数传值。（　　）

2）Python 中没有严格意义上的私有成员。（　　）

3）在面向对象程序设计中，函数和方法是完全一样的，都必须为所有参数进行传值。（　　）

4）通过对象不能调用类方法和静态方法。（　　）

5）定义类时，在一个方法前面使用@ classmethod 进行修饰，则该方法属于类方法。（　　）

6）定义类时，在一个方法前面使用@ staticmethod 进行修饰，则该方法属于静态方法。（　　）

7）Python 支持多继承，如果父类中有相同的方法名，而在子类中调用时没有指定父类名，则 Python 解释器将按从左向右的顺序进行搜索。（　　）

8）Python 类不支持多继承。（　　）

9）在 Python 中可以为自定义类的对象动态增加新成员。（　　）

10）在 Python 中定义类时，如果某个成员名称前有两个下画线则表示是私有成员。（　　）

2. 单选题

1）关于面向对象的继承，以下选项中描述正确的是（　　）。

A．继承是指一个对象具有另一个对象的性质
B．继承是指一组对象所具有的相似性质

C. 继承是指类之间共享属性和操作的机制

D. 继承是指各对象之间的共同性质

2）关于 Python 中类的说法错误的是（　　）。

A. 类的实例方法必须创建对象后才可以调用

B. 类的实例方法必须创建对象前才可以调用

C. 类方法可以用对象和类名来调用

D. 类的静态属性可以用类名和对象来调用

3）以下哪个选项是构造方法（　　）。

A. _ _init_ _( )

B. _ _del_ _( )

C. _ _init( )

D. init_ _( )

4）类（　　）之间存在着一般和特殊的关系。

A. 汽车与轮船

B. 交通工具与飞机

C. 轮船与汽车

D. 汽车与飞机

5）下列有关继承不正确的是（　　）。

A. 一个父类可以有多个子类，这些子类都是父类的特例

B. 父类描述了这些子类的公共属性和操作

C. 子类可以继承它的父类（或祖先类）中的属性和操作而不必自己定义

D. 子类中可以定义自己的新操作而不能定义和父类同名的操作

6）一个类是（　　）。

A. 一组对象的封装

B. 表示一组对象的层次关系

C. 一组对象的实例

D. 一组对象的抽象定义

7）关于 Python 类的继承，下列描述错误的是（　　）。

A. 定义子类的实例时，可以通过子类的 init( ) 方法给父类的所有属性赋值

B. 对于继承而来的父类方法，如果它不符合子类所期望的行为，那么就必须建立新的类

C. super( ) 是一个特殊函数，它会把父类和子类关联起来

D. 子类除了拥有继承父类而来的属性和方法之外，还可以自定义子类自己的属性和方法

8）在面向对象开发中，封装是一种（　　）技术，其目的是使对象的使用者和生产者分离。

A. 接口管理

B. 信息隐蔽

C. 多态

D. 聚合
9) 面向对象编程中，对象是（　　）。
A. 数据结构的封装体
B. 数据及其操作的封装体
C. 程序功能模块的封装体
D. 一组有关事件的封装体
10) 对象的三要素是指对象的（　　）。
A. 名字、字段和类型
B. 名字、过程和函数
C. 名字、文件和图形
D. 名字、属性和方法

项目 13　酒精度检测

[知识目标]
1. 了解异常与错误的区别。
2. 理解异常的几种类型。
3. 掌握完整的异常处理机制。

[技能目标]
1. 学会主动抛出异常。
2. 熟练掌握自定义异常。
3. 学会使用异常处理的几种方式。

[素养目标]
1. 养成良好的编程风格。
2. 善于通过编程来解决实际问题。
3. 遵守法律，尊重生命。

【项目描述】

按照《车辆驾驶人员血液、呼气酒精含量阈值与检验（GB 19522—2004）》，对酒驾的规定如下。

1. 饮酒后驾车

饮酒后驾车是指车辆驾驶人员血液中的酒精含量大于或等于 20mg/100ml 且小于 80mg/100ml 的驾驶行为。饮酒后驾驶机动车辆，罚款 1000～2000 元，记 12 分，并暂扣驾照 6 个月。饮酒后驾驶营运机动车，罚款 5000 元，记 12 分，处 15 日以下拘留，并且 5 年内不得重新获得驾照。

2. 醉酒驾车

醉酒驾车是指车辆驾驶人员血液中的酒精含量大于或等于 80mg/100ml 的驾驶行为。醉酒驾驶机动车辆，吊销驾照，5 年内不得重新获取驾照，经过判决后处以拘役，并处罚金。醉酒驾驶营运机动车辆，吊销驾照，10 年内不得重新获取驾照，终生不得驾驶营运车辆，经过判决后处以拘役，并处罚金。

【项目分析】

在日常生活中，要严格遵守新交通法的规定。通过 Python 的学习可以开发一个酒精度检测的项目，通过异常处理的形式来检查是否构成饮酒后驾车或醉酒驾车。在这个项目中，需要自定义饮酒后驾车异常类和醉酒驾车异常类，根据不同的酒精度抛出不同的异常对象，并进行捕获处理。

项目13　酒精度检测

【知识与技能储备】

编写 Python 程序来检测酒精度，需要理解 Python 程序的异常处理机制并掌握如何自定义异常。

13.1　认识异常

异常是一个事件，该事件会在程序执行过程中发生，影响程序的正常执行。一般情况下，在 Python 无法正常处理程序时就会触发一个异常。异常是 Python 的对象，表示一个错误。当 Python 脚本发生异常时需要捕获并处理，否则程序会终止执行。

例如，日常生活中使用手机的时候，App 因为各种原因会出现各种异常现象，如图 13-1 所示。

图 13-1　App 异常情况

错误和异常的区别如下。

1）错误（Error）：程序中的错误分为两种。

语法错误：未遵守语言编写规则，必须在程序执行前就改正。

逻辑错误：算法写错了，如加法写成了减法、函数或类使用错误等。

2）异常（Exception）：就是程序运行时发生错误的信号，本身就是意外情况。这有个前提，没有出现上面说的错误，也就是说程序写得没有问题，但是在某些情况下，会出现一些意外，导致程序无法正常执行下去。例如，open()函数操作一个不存在的文件，创建一个已经存在的文件，或者访问一个网络文件时突然断网。

错误和异常的关系：在 Python 编程语言中，一般都有错误和异常的概念，异常是可以捕获并被处理的，但是错误是不能被捕获的。

再好的程序员也无法完全预见代码运行时遇到的所有情况，即使有充分的测试也很难枚举所有可能出现的情况，这时候异常处理就成为避免特殊情况下软件崩溃的关键工具。包括

Python 语言在内的所有现代编程语言，都提供了不同形式的强大的异常处理机制。

13.2 异常的类型

程序一旦出现异常，那么解释器就会给出异常信息。在异常信息中，通常包含异常代码所在行号、异常的类型和异常的描述信息。

1）Traceback：异常追踪的信息，指出异常发生的行号。
2）NameError：异常类型。
3）NameError：异常描述信息。

例如，执行 print(1/0)，解释器会给出如下异常信息：

```
Traceback (most recent call last):
  File "D:\Python\pythonProject1\test.py", line 1, in <module>
    print(1/0)
          ~^~
ZeroDivisionError: division by zero
```

通过上述信息，知道异常发生在第一行，产生异常的语句是 print(1/0)，异常的类型是 ZeroDivisionError，异常的描述是 division by zero，即 0 作为除数了。

Python 程序运行出错时产生的每个异常类型都对应一个类。

程序运行时出现的异常，大多继承自 Exception 类，Exception 类又继承了异常类的基类 BaseException，如图 13-2 所示。

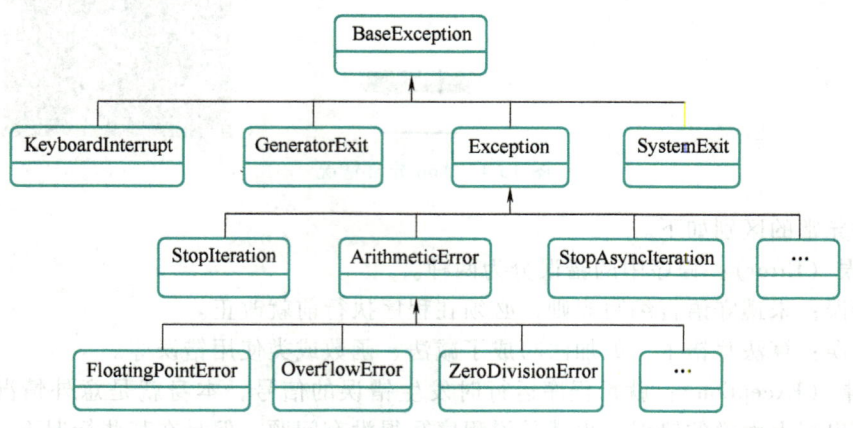

图 13-2 异常继承树

KeyboardInterrupt 是用户中断执行产生的异常；GeneratorExit 是生成器发生异常；Exception 是常规异常的基类，后续学习的自定义异常就必须继承 Exception；SystemExit 是解释器请求退出。

为了帮助读者更好地了解异常的类型，在这里提供了 Python 标准异常的信息，如表 13-1 所示。

表 13-1 Python 标准异常

序号	异常名称	描述
1	BaseException	所有异常的基类
2	SystemExit	解释器请求退出
3	KeyboardInterrupt	用户中断执行(通常是输入^C)
4	Exception	常规异常的基类
5	GeneratorExit	生成器(generator)发生异常
6	StopIteration	迭代器没有更多的值
7	StandardError	所有内建标准异常的基类
8	ArithmeticError	所有数值计算错误的基类
9	FloatingPointError	浮点计算错误
10	OverflowError	数值运算超出最大限制
11	ZeroDivisionError	除(或取模)零(所有数据类型)
12	AssertionError	断言语句失败
13	AttributeError	对象没有这个属性
14	EOFError	没有内建输入,到达 EOF 标记
15	EnvironmentError	操作系统错误的基类
16	IOError	输入或输出操作失败
17	OSError	操作系统错误
18	WindowsError	系统调用失败
19	ImportError	导入模块对象失败
20	TypeError	应用不适当的类型对象
21	ValueError	传递给函数或方法的参数值不符合预期的类型或范围
22	NameError	尝试访问一个未定义的变量
23	IndexError	尝试访问列表、元组或字典中索引不存在的元素
24	KeyError	尝试访问字典中不存在的键
25	FileNotFound	未找到指定文件或目录时引发的异常
26	SyntaxError	语法错误引发的错误

1. NameError

NameError 是程序中使用了未定义的变量而引发的异常。例如,访问一个未声明的变量 test。

执行 print(test) 语句就会触发此类异常。异常的信息如下:

```
Traceback (most recent call last):
  File "D:\Python\pythonProject1\test.py", line 46, in <module>
    print(test)
          ^^^^
NameError: name 'test' is not defined
```

从异常信息得知,变量 test 并未定义而直接使用。

2. IndexError

IndexError 是程序越界访问时引发的异常。例如，使用索引 0 访问空列表 num_list。

```
num_list = []
num_list[0]
```

运行结果：

```
Traceback (most recent call last):
  File "D:\Python\pythonProject1\test.py", line 47, in <module>
    num_list[0]
    ~~~~~~~~^^^
IndexError: list index out of range
```

从异常信息得知，所访问的列表元素越界了。num_list = [] 定义了一个空列表，即列表结构存在，但并不存在任何元素。因此试图去访问第 1 个单元，就出现了异常。

3. AttributeError

AttributeError 是使用对象访问不存在的属性时引发的异常。例如，Car 类中动态地添加了两个属性 color 和 brand，使用 Car 类的对象依次访问 color、brand 属性及不存在的 name 属性。

```
class Car(object):
    pass
car=Car()
car.color="黑色"
car.brand="五菱"
car.color
car.brand
car.name
```

运行结果：

```
Traceback (most recent call last):
  File "D:\Python\pythonProject1\test.py", line 53, in <module>
    car.name
AttributeError: 'Car' object has no attribute 'name'
```

4. FileNotFound

FileNotFound 是未找到指定文件或目录时引发的异常。例如，打开一个本地不存在的文件就会引发该异常。

```
file = open("test.txt")
```

运行结果：

```
Traceback (most recent call last):
  File "D:\Python\pythonProject1\test.py", line 46, in <module>
    file = open("test.txt")
           ^^^^^^^^^^^^^^^^
FileNotFoundError: [Errno 2] No such file or directory: 'test.txt'
```

5. SyntaxError

SyntaxError 是语法错误引发的异常。例如，在 Python 3.X 版本中，print() 没有加括号就会引发该异常。

```
print 'Hello World!'
```

运行结果：

```
File "D:\Python\pythonProject1\test.py", line 46
    print 'Hello World!'
    ^^^^^^^^^^^^^^^^^^^^
SyntaxError: Missing parentheses in call to 'print'. Did you mean print(...)?
```

6. TypeError

TypeError 是类型错误引发的异常。例如，当尝试使用不支持的操作类型时，会抛出 TypeError 异常。

```
a = 'Hello'
b = 5
print(a + b)
```

运行结果：

```
Traceback (most recent call last):
    File "D:\Python\pythonProject1\test.py", line 48, in <module>
        print(a + b)
              ~~^~~
TypeError: can only concatenate str (not "int") to str
```

从异常信息得知，加号的左边是字符串，右边是整数，解释器就会依据左边的数据类型来实现加号的功能。左边的字符串可以通过加号实现连接，但是右边却是整数，因此出现了 TypeError 类型的异常。

13.3 异常处理

13.3.1 try…except

当发生异常时，需要对异常进行捕获，然后进行相应的处理。Python 的异常捕获常用 try…except…结构，把可能发生错误的语句放在 try 语句块里，用 except 来处理异常，每一个 try，都必须至少对应一个 except。基本语法结构如下所示：

```
try:
    …
except:
```

...

异常处理的流程如下：
1）如果 try 子句中的代码块引发异常并被 except 子句捕获，则执行 except 的代码块。
2）如果出现异常但没有被 except 捕获，则向外抛出。
3）如果 try 子句中的代码块没有出现异常，则继续向下执行异常处理结构后面的代码。
4）如果所有层都没有捕获并处理该异常，则程序崩溃并将该异常呈现给用户，这是最不希望发生的事情。

1. 处理单个异常

例如，执行下面这个程序：

```python
f = open("note.txt","r")
content = f.readlines()
for line in content:
    print(line)
```

运行结果：

```
Traceback (most recent call last):
    File "D:\Python\pythonProject1\test.py", line 46, in <module>
        f = open("note.txt","r")
           ^^^^^^^^^^^^^^^^^^^^^
FileNotFoundError: [Errno 2] No such file or directory: 'note.txt'
```

解释器给出了异常信息"文件没有找到"。
将程序进行如下修改：

```python
try:
    f = open("note.txt", "r")
    content = f.readlines()
    for line in content:
        print(line)
except FileNotFoundError:
    print("文件不存在!")
```

运行结果：

```
文件不存在!
```

这样修改后，当文件存在时就从文件中读取内容，当文件不存在时就进行异常处理，而不至于使程序中断。

2. 处理多个异常

在实际开发中，同一段代码可能会抛出多种异常，需要针对不同的异常类型进行相应的处理。为了支持多种异常的捕捉和处理，Python 提供了带有多个 except 的异常处理结构，一旦某个 except 捕捉到了异常，那么其他的 except 子句将不会再尝试捕捉异常。处理多个异常的基本语法结构如下：

```python
try:
```

```
#可能会引发异常的代码
except Exception1:
    # 处理异常类型 1 的代码
except Exception2:
    # 处理异常类型 2 的代码
...
```

执行下面这个程序,就会出现列表越界和 0 作为除数的异常。

```
list_1 = [12,323,24,19,43]
list_2 = [100,200,250,0,43,53]
for i in range(len(list_2)):
    print(list_1[i] / list_2[i])
```

运行结果:

```
0.12
1.615
0.096
Traceback (most recent call last):
  File "D:\Python\pythonProject1\test.py", line 49, in <module>
    print(list_1[i] / list_2[i])
          ~~~~~~~~~^~~~~~~~~~~~
ZeroDivisionError: division by zero
```

依次取出 list_1 和 list_2 中的每一个元素进行除法运算,前 3 次运算都是正确的,当取出第 4 个元素时,list_2[3] = 0,因此触发了 ZeroDivisionError 的异常。

为了解决这个异常,将程序修改为如下:

```
list_1 = [12,323,24,19,43]
list_2 = [100,200,250,300,43,53]
for i in range(len(list_2)):
    print(list_1[i] / list_2[i])
```

运行结果:

```
0.12
1.615
0.096
0.06333333333333334
1.0
Traceback (most recent call last):
  File "D:\Python\pythonProject1\test.py", line 49, in <module>
    print(list_1[i] / list_2[i])
          ~~~~~~^^^
IndexError: list index out of range
```

此时,程序虽然解决了 0 作为除数的异常,但是又触发了列表下标越界异常。因为 for

循环是按照 list_2 的长度进行循环的，list_2 的长度为 6，因此会循环 6 次，但是 list_1 只有 5 个单元，所以在做 list_1[5] / list_2[5] 运算的时候，触发了 IndexError 异常。

为了程序能正确执行，在实现异常处理的过程中就要捕获这两类异常并进行处理。最终的程序修改如下：

```
list_1 = [12,323,24,19,43]
list_2 = [100,200,250,0,43,53]
try:
    for i in range(len(list_2)):
        print(list_1[i] / list_2[i])
except IndexError as result:
    print("下标越界了!")
except ZeroDivisionError as result:
    print("0 不能作为除数!")
```

运行结果：

```
0.12
1.615
0.096
0 不能作为除数!
```

处理多个异常的时候，一旦某个异常被捕获，就会进入相应的 except 子句中执行，而后续的程序将不再执行。因此多个异常只会触发其中一个，并不会全部触发。

13.3.2　try…except…else

带有 else 子句的异常结构，可以看作一种特殊的选择结构。

如果 try 中的代码抛出了异常且被某个 except 子句捕获，则执行相应的异常处理代码，这种情况下就不会执行 else 中的代码；如果 try 中的代码没有抛出异常，则执行 else 子句的代码。

语法格式如下：

```
try:
    #可能会引发异常的代码
except Exception [as reason]:
    #用来处理异常的代码
else:
    #如果 try 子句中的代码没有引发异常,就继续执行这里的代码
```

例如，下面这个程序，定义了一个列表，列表包含 5 个单元，其中第 4 个单元值是 0。接下来遍历这个列表，取出每一个单元作为除数，与 10 做除法运算。当 10 除以 12 时，结果是 0.833，并且没有触发异常，继续执行 else 子句，输出"正常"。当 10 除以 323 时，也是输出除法运算后的结果和"正常!"。当列表中的 0 单元作为除数时，则触发 0 作为除数的异常，因此异常被捕获并进行处理，else 子句也不再执行。从这个程序的运行结果可以得出，else 子句只有当异常不触发时才执行，当异常被触发时，执行异常处理的代码，else 子

句将不再执行。

```
list=[12,323,24,0,43]
for s in list:
    try:
        r=10/s
        print(r)
    except Exception as e:
        print("出现错误:",e)
    else:
        print("正常!")
```

运行结果：

0.8333333333333334
正常！
0.030959752321981424
正常！
0.4166666666666667
正常！
出现错误：division by zero
0.23255813953488372
正常！

13.3.3　try…except…finally

　　异常结构中还有一种称为 finally 子句。在这种结构中，无论 try 中的代码是否发生异常，也不管抛出的异常有没有被 except 语句捕获，finally 子句中的代码总是会得到执行。因此，finally 中的代码常用来做一些清理工作以释放 try 子句中申请的资源。在该结构语法中，将可能引发异常的代码放在 try 子句中，用 except 子句来处理异常，而 finally 子句无论 try 子句中的代码是否引发异常，都会执行。

　　语法格式如下：

```
try:
    #可能会引发异常的代码
except Exception [as reason]:
    #用来处理异常的代码
finally:
    #无论 try 子句中的代码是否引发异常,都会执行这里的代码
```

　　在下面这个程序中定义了一个列表，其中列表的第 4 个单元值为 0。然后依次取出列表中的每个单元作为除数，与 10 进行除法运算。接下来就会发现，如果没有触发 0 作为除数的异常，则输出除法运算后的结果，并且执行 else 子句和 finally 子句；如果触发了 0 作为除数的异常，则进行异常处理，else 子句将不再执行，但是 finally 子句还会被执行。因此无论 try 子句中的代码是否引发异常，finally 子句中的代码都将被执行。

```
list=[12,323,24,0,43]
for s in list:
    try:
        r=10/s
        print(r)
    except Exception as e:
        print("出现错误:",e)
    else:
        print("正常!")
    finally:
        print("----执行完毕!")
```

运行结果：

0.8333333333333334
正常!
----执行完毕!
0.030959752321981424
正常!
----执行完毕!
0.4166666666666667
正常!
----执行完毕!
出现错误：division by zero
----执行完毕!
0.23255813953488372
正常!
----执行完毕!

finally 子句通常用于记录日志、关闭文件资源等操作，保证程序的正常运行。

1）记录日志：在 finally 子句中执行一些必要的操作，如记录日志。这样可以确保即使发生异常，也可以及时发现和处理问题。

2）关闭文件资源：无论程序是否出现异常，都能正常执行关闭文件操作。例如，关闭数据库的连接需要在 finally 子句中编写。

13.3.4 异常处理完整语句

整个异常处理完整语句的执行思路如下。

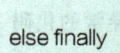

else finally

1）可能会引发异常的代码放在 try 语句块中执行，在执行的过程中如果发生了异常，需要中断当前的 try 语句块，然后跳转到对应的异常处理块中开始执行。

2）一旦触发异常，Python 会从第一个 except 处开始查找，如果找到了对应的异常类型，则进入 except 子句中进行处理；如果没有找到，则直接进入不带异常类型的 except 子句中进行处理。

3) 不带异常类型的 except 子句是可选项,如果没有提供,这个异常就会被提交给 Python 进行默认处理,处理方式则是终止应用程序并打印提示信息。

4) 如果在 try 语句块执行过程中没有发生任何异常,则程序在执行完 try 语句块后会进入 else 子句中执行。无论是否发生了异常,只要提供了 finally 子句,程序的最后总会执行它对应的代码块。

语法格式如下:

```
try:
    # 可能会引发异常的代码
except A:
    # 处理异常 A 的代码
except B:
    # 处理异常 B 的代码
else:
    # 处理没有异常的代码
finally:
    # 最后必须处理的代码
```

在异常处理完整语句中,try、except、else、finally 出现的顺序必须按照格式中的先后顺序,即所有的 except 必须在 else 和 finally 之前,else 必须在 finally 之前,否则会出现语法错误。else 与 finally 是可选的,不是必须出现。else 语句如果存在,必须以 except 语句为前提,否则会引发语法错误。

13.4 主动抛出异常

异常除了由 Python 解释器检测到之外,还可以主动抛出。主动抛出异常应用在什么场景中呢?一起来看一下这个情况。根据健康经验,正常情况下人体温度范围是 36~37℃ 之间,如图 13-3 所示,如果体温超过 38℃ 或低于 32℃,就需要抛出异常。

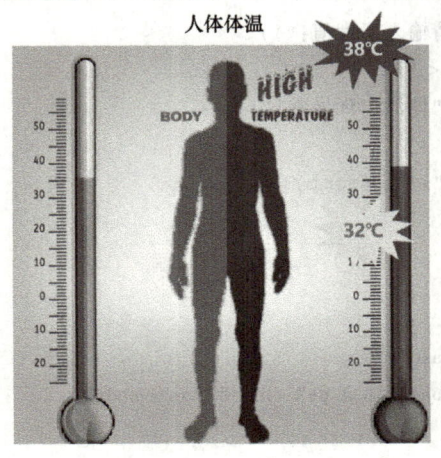

图 13-3 人体体温出现异常

抛出异常意味着停止运行这个程序中的代码，将程序跳转到except语句。主动抛出异常分为两种：一种是使用raise语句，另一种是使用assert语句。

13.4.1 raise 语句

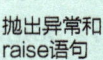

抛出异常和
raise语句

在了解raise语句之前，先通过一个程序来了解为什么要使用主动抛出异常。

```
def measure():
    temp = int(input("请输入温度值:"))
    if temp > 37 or temp < 36:
        print("体温出现异常!")
    else:
        print("您的体温是:"+str(temp))
measure()
```

运行结果：

```
请输入温度值:34
体温出现异常!
```

在这个程序中定义了一个函数measure()。在函数体中，要求输入体温值，如果大于37℃或小于36℃，则输出"体温出现异常！"的信息，否则就输出体温值。然后就调用函数。当输入的温度值是37℃时，程序会输出体温值；当输入的温度值是34℃时，程序会提示"体温出现异常！"。

在这个程序中，使用的是if…else语句。if判断式的异常处理只能针对某一段代码，对于不同代码段相同类型的错误需要重复if来进行处理；大量与异常处理有关的if语句，会使代码可读性变差。因此，根据if…else进行简单异常的处理分流，能提高程序的容错性和健壮性。

将程序进行修改，使用主动抛出异常的形式。定义measure()函数，该函数和前面程序的不同点就是当温度大于37℃或小于36℃时，会通过raise来抛出一个ValueError异常，否则就正常输出温度值。当手动输入的温度值为38℃时，就在程序中抛出这个异常。

```
def measure():
    temp = int(input("请输入温度值:"))
    if temp > 37 or temp < 36:
        raise ValueError("体温出现异常!")
    else:
        print("您的温度是:"+str(temp))
measure()
```

运行结果：

```
请输入温度值:38
Traceback (most recent call last):
  File "D:\Python\pythonProject1\test.py", line 52, in <module>
    measure()
  File "D:\Python\pythonProject1\test.py", line 49, in measure
```

```
    raise ValueError("体温出现异常!")
ValueError: 体温出现异常!
```

如果用异常处理来解决这个异常,可以使用 try…except 的方式,将函数调用放在 try 子句中,而用 except 子句捕获 ValueError 类型的异常并输出相关信息。

```
def measure():
    temp = int(input("请输入温度值:"))
    if temp > 37 or temp < 36:
        raise ValueError("体温出现异常!")
    else:
        print("您的温度是:"+str(temp))
try:
    measure()
except ValueError as e:
    print(e)
```

运行结果:

```
请输入温度值:34
体温出现异常!
```

13.4.2 assert 语句

assert 语句又称为断言语句,语法格式如下:

assert 表达式[,异常信息]

assert 语句可以帮助程序开发者在开发阶段调试程序,以保证程序能够正确运行。

为了进一步理解 assert 语句,提供一个示例程序。在这个程序中,定义一个函数 measure()。函数要求键盘输入体温值,在 assert 语句编写的表达式是 "temp<=37 and temp>=36",紧跟这个表达式的是字符串 "正常体温在 36~37℃之间",然后输出体温值。如果键盘输入的体温值在 36~37℃的范围内,则不触发异常,会输出体温值。如果输入的体温值小于 36℃或大于 37℃,那么就会触发异常,异常的类型是 AssertionError。

```
def measure():
    temp = int(input("请输入温度值:"))
    assert temp <= 37 and temp >= 36,"正常体温在 36~37℃之间"
    print("您的体温是:"+str(temp))
measure()
```

运行结果:

```
请输入温度值:38
Traceback (most recent call last):
    File "D:\Python\pythonProject1\test.py", line 50, in <module>
        measure()
    File "D:\Python\pythonProject1\test.py", line 48, in measure
```

```
assert temp <= 37 and temp >= 36,"正常体温在36~37℃之间"
```

AssertionError：正常体温在36~37℃之间

从这个程序运行结果可知，当条件表达式"temp<=37 and temp>=36"满足时，不会触发异常；当条件不满足时触发异常，并且会给出异常信息。

因为有异常产生，因此需要做异常处理。将调用函数放在 try 语句中，然后捕获异常并进行处理，异常的类型是 AssertionError，异常处理的结果是通过 print 语句来输出提示信息"正常体温在36~37℃之间"。

```
def measure():
  temp = int(input("请输入温度值:"))
  assert temp <= 37 and temp >= 36,"正常体温在36~37℃之间"
  print("您的体温是:" + str(temp))
try:
  measure()
except AssertionError as e:
  print(e)
```

运行结果：

请输入温度值:38
正常体温在36~37℃之间

13.5 自定义异常

自定义异常

前面捕捉到的异常基本都是系统内置的，在程序中遇到某些错误时触发，如 SyntaxError、TypeError、NameError、ValueError、IndexError 等。每个异常类型都有自己的特定含义，用于指示程序出现了什么样的错误。当程序员需要根据自己的需要设置异常时，例如，用户在输入考试成绩时，需要限定成绩分值的有效范围，就需要程序员自定义异常来解决了。自定义异常可以更好地控制程序的行为，这样可以在程序中捕获这个异常并给出相应的提示信息，而不是让程序直接崩溃。因此，在 Python 的异常分为两种：一种是内建异常，就是 Python 定义的异常；另一种是内建异常满足不了实际需要时，用户自定义的异常。

如图 13-2 所示，BaseException 是基类，Exception 类是异常类的基类，所创建的继承 Exception 类的子类，就是自定义的异常类。

当遇到程序员设定的错误时，可以使用 raise 语句抛出自定义的异常。因此，自定义异常往往与 raise 语句配套使用。

```
class InputScoreError(Exception):
  def __init__(self, score):
    self.score = score   # 输入成绩
try:
  score = int(input("请输入您的考试成绩:"))
```

```
        if score < 0 or score > 100:
            raise InputScoreError(score)
    except InputScoreError as result:
        print("InputScoreError:输入的成绩是%d,"
            "成绩应该在 0~100 之间"
            % (result.score))
    else:
        print("没有异常发生!")
```

运行结果：

```
请输入您的考试成绩:-1
InputScoreError:输入的成绩是-1,成绩应该在 0~100 之间
```

在这个案例中，首先定义了继承自 Exception 的类 InputScoreError，作为一个异常类使用。InputScoreError 就是自定义异常，类中仅包含一个构造方法，其功能是实现 score 的赋值。在类定义结束后，实现了 try…except…else 的异常处理机制。首先在 try 子句中要求输入一个考试成绩，然后进行判断，如果成绩在 0 分以下或 100 分以上，那么这个成绩不符合有效范围，会抛出 InputScoreError 异常的对象。抛出的异常需要进行处理，因此在 except 子句中进行捕获并给出相关的提示信息。要注意的是，抛出的异常类型和捕获的异常类型是一致的，都是自定义异常 InputScoreError。

在使用自定义异常的时候，有 3 个要点一定要注意。

1) 自定义异常必须继承自 Exception 类，或者继承自那些本身就是从 Exception 派生而来的类。尽管所有类都继承自 BaseException，但不应该使用 BaseException 这个基类来定义新的异常。BaseException 是为系统退出异常而保留的，如 KeyboardInterrupt、SystemExit，以及其他会给应用发送信号而退出的异常。

2) 必须按照命名规范，以"Error"结尾。NameError、ValueError、IOError、ImportError 等内置异常类，它们都继承了 Exception，命名均用"Error"结尾，这是 Python 的一种命名规范。

3) 需要使用 raise 语句主动抛出异常。由于自定义异常类是用户自定义的，Python 解释器并不知道如何触发，因此需要主动抛出，并且 raise 语句必须在 try 语句块或 except 子句中使用。

通过一个程序巩固对自定义异常的学习。

```
class ShortInputError(Exception):
    def __init__(self, length, atleast):
        self.length = length            # 输入的密码长度
        self.atleast = atleast          # 密码必须保证长度
try:
    text = input("请输入密码:")
    if len(text)< 6:
        raise ShortInputError(len(text), 6)
except ShortInputError as result:
```

```python
    print("ShortInputError:输入的长度是%d,长度至少应是%d" % (result.length,
result.atleast))
else:
    print("密码设置成功")
```

运行结果:

请输入密码:45454

ShortInputError:输入的长度是5,长度至少应是6

上述程序定义了一个 ShortInputError 异常类,在类中定义了一个构造方法,主要作用是初始化密码长度及密码必须保证的长度。然后通过 text=input("请输入密码:")语句来手动输入密码,如果密码的长度不足 6 位,那么调用 ShortInputError(len(text),6)语句来生成自定义异常类的对象,并通过 raise 语句抛出。异常捕获与处理在 except 子句中进行,以给出相关的提示信息。

【项目实施】

1)自定义饮酒后驾车类 DrunkdrivingError,继承于 Exception,该类的构造方法初始化酒精度。

2)自定义醉酒驾车类 DeepDrunkdrivingError,继承于 Exception,该类的构造方法初始化酒精度。

3)酒精度由键盘输入,当酒精度大于或等于 80,抛出醉酒驾车类的对象,当酒精度在 20~80 之间时,抛出饮酒驾驶类对象。

4)抛出异常后进行异常处理,并提示酒精度的数值以及是否属于饮酒驾驶或醉酒驾驶。

1. 项目代码

```python
class DrunkdrivingError(Exception):           # 自定义饮酒后驾驶类
    def __init__(self,alcohol):
        self.alcohol = alcohol
class DeepDrunkdrivingError(Exception):       # 自定义醉酒驾车类
    def __init__(self,alcohol):
        self.alcohol = alcohol
try:
    alcohol = int(input("请输入测试的酒精度:"))
    if alcohol>=80:
        raise DeepDrunkdrivingError(alcohol)
    elif alcohol>=20:
        raise DrunkdrivingError(alcohol)
except DrunkdrivingError as message:
    print("酒精度为%d,属于饮酒后驾车!"% message.alcohol)
except DeepDrunkdrivingError as message:
    print("酒精度为%d,属于醉酒驾车!"% message.alcohol)
else:
    print("酒精检测正常!")
```

2. 自我评价

大家可以先自行编写酒精度检测的程序，然后进行调试，再对照项目代码，完成自我评价，见表 13-2。

表 13-2　自我评价表

评价要素	评价标准	评价分值	自我评价得分
饮酒后驾车类的定义	DrunkdrivingError 定义是否正确	25	
醉酒驾车类的定义	DeepDrunkdrivingError 定义是否正确	25	
抛出异常	根据不同酒精度，是否抛出相应异常类对象	25	
异常处理	是否对抛出的异常进行处理	25	

【项目总结】

本项目用于酒精度检测。在项目实施过程中，学习了以下知识与技能：

1）了解了异常与错误的区别。
2）理解了异常的几种类型。
3）掌握了几种异常的处理方式。
4）学会了如何主动抛出异常。
5）熟悉了自定义异常与异常处理。

在本项目的实施中，需要注意自定义异常与异常处理方式。

【思考与练习】

1. 判断题

1）在 try…except…else 结构中，如果 try 语句块中的语句引发了异常则会执行 else 子句中的代码。（　　）
2）程序中的异常处理在大多数情况下是没必要的。（　　）
3）异常处理结构 finally 子句中的代码仍然有可能出错从而再次引发异常。（　　）
4）try 语句块中有 except 子句就必须有 finally 子句。（　　）
5）查找一个不存在索引的列表元素，会触发 IndexError 异常。（　　）
6）引用一个未定义的变量，会触发 NameError 异常。（　　）

2. 单选题

1）关于程序的异常处理，如下选项中描述错误的是（　　）。
A. 程序异常发生后通过妥善处理能够继续执行
B. 异常语句能够与 else 和 finally 子句配合使用
C. 编程语言中的异常和错误是彻底相同的概念
D. Python 通过 try、except 等关键字提供异常处理功能

2）如下选项中，Python 异常处理结构中用来捕获特定类型的异常的保留字是（　　）。
A. except
B. do

C. pass

D. while

3）若是 Python 程序执行时，产生了"unexpected indent"的错误，其缘由是（　　）。

A. 代码中使用了错误的关键字

B. 代码中缺乏 ":" 符号

C. 代码里的语句嵌套层次太多

D. 代码中出现了缩进不匹配的问题

4）Python 中用来抛出异常的关键字是（　　）。

A. try

B. except

C. raise

D. finally

5）如下关于异常处理的描述，正确的是（　　）。

A. try 语句中有 except 子句就不能有 finally 子句

B. Python 中，能够用异常处理捕获程序中的全部错误

C. 引用一个不存在索引的列表元素会引起 NameError 错误

D. Python 中允许利用 raise 语句由程序主动引起异常

6）用户输入的整数不合规致使程序出错时，为了避免程序异常中断，需要用到的语句是（　　）。

A. if 语句

B. eval 语句

C. 循环语句

D. try…except 语句

7）如下关于异常处理的描述，错误的是（　　）。

A. 自定义异常必须继承自 Exception 类

B. ZeroDivisionError 是一个变量未命名错误

C. NameError 是一种异常类型

D. 在 Python 中，异常可以被捕获并被处理

8）通过异常处理后正常启动的是（　　）。

A. 拼写错误

B. 错误表达式

C. 缩进错误

D. 手动抛出异常

9）如下 Python 语句中，运行结果异常的是（　　）。

A. >>>PI，r = 3.14，4

B. >>>a = 1
　　>>>b = a = a+1

C. >>>x = True
　　>>>int(x)

D. >>>a

项目 14　电影网站数据采集与解析

[知识目标]
1. 了解采集网站数据的合法性。
2. 理解爬虫相关知识。
3. 掌握静态网页的 get( ) 方法。
4. 了解 CSV 文件格式的特征。
5. 了解动态网页与静态网页的区别。
6. 领悟动态网页数据采集技术。

[技能目标]
1. 能够使用 get( ) 方法获取网页的相应状态码。
2. 能够使用 get( ) 方法获取网页的源代码。
3. 学会使用 XPath 技术来解析网页数据。
4. 熟悉 Selenium 和 WebDriver 的安装与配置。

[素养目标]
1. 养成良好的编程风格。
2. 善于通过编程来解决实际问题。
3. 遵守国家法律法规和通用网站使用协议,维护网络安全。

【项目描述】

豆瓣是一个社区网站。豆瓣的核心用户群是具有良好教育背景的都市青年,包括白领及大学生。这些用户热爱生活,不仅热衷于阅读、看电影、听音乐,更活跃于豆瓣小组及小站,对吃、穿、住、用、行等话题进行热烈讨论。

豆瓣读书、豆瓣音乐和豆瓣电影是豆瓣的代表性产品,也是开发最早的产品,这些产品自然而然地成为文艺青年的主要聚集平台。这一独特的定位使互联网用户迅速将豆瓣与其他社交平台区分开来。

豆瓣电影提供最新的电影介绍及评论,包括上映影片的影讯查询及购票服务。用户可以记录想看、在看和看过的电影电视剧,并打分、写影评。因此豆瓣电影受到电影爱好者的高度欢迎,其电影信息和影评内容也经常被转载或通过爬虫采集进行研究。

【项目分析】

本项目是对豆瓣电影 Top 250 的页面进行数据采集与解析,要求通过本项目的实现获取并保存电影名称、电影信息、评分、评价人数、引言及详情页等信息。

【知识与技能储备】

编写Python程序来实现豆瓣电影网站数据的采集与解析,需要了解采集网站数据的合法性,采集静态页面数据,如发送GET请求、定制请求头,解析网页源代码,保存解析结果,并采集动态网页数据。

14.1 检查采集网站数据的合法性

在我国法律体系中,尚未规定网页数据抓取是否合法。但是,如果爬虫行为侵犯了他人权益,就会被认定为违法。例如,在未获得授权的情况下采集个人信息或商业机密等。

因此,在进行网页数据抓取时,需要注意以下几点。

1)尊重网站规则:不要违反网站使用协议和Robots协议。
2)不要过度频繁地访问同一个网站,以免对服务器造成负担。
3)不要采集个人信息和商业机密等敏感信息。

Robots协议也称爬虫协议或爬虫规则,通过robots.txt文件来告诉搜索引擎哪些页面可以抓取,哪些页面不能抓取,而搜索引擎则通过读取robots.txt文件来识别这个页面是否允许被抓取。robots.txt(统一小写)是一种存放于网站根目录下的ASCII编码文本文件。因为一些系统中的URL是大小写敏感的,所以robots.txt的文件名应统一为小写。

Robots协议查看方法为"网址+robots.txt",如https://www.douban.com/robots.txt。

以下是豆瓣网站上robots.txt的示例:

```
User-agent: *
Disallow: /subject_search
Disallow: /amazon_search
Disallow: /search
Disallow: /group/search
Disallow: /event/search
Disallow: /celebrities/search
Disallow: /location/drama/search
Disallow: /forum/
Disallow: /new_subject
Disallow: /service/iframe
Disallow: /j/
Disallow: /link2/
Disallow: /recommend/
Disallow: /doubanapp/card
Disallow: /update/topic/
Disallow: /share
Disallow: /people/*/collect
Disallow: /people/*/wish
Disallow: /people/*/all
```

```
Disallow: /people/* /do
Allow: /ads.txt
Sitemap: https://www.douban.com/sitemap_index.xml
Sitemap: https://www.douban.com/sitemap_updated_index.xml
# Crawl-delay: 5

User-agent: Wandoujia Spider
Disallow: /

User-agent: Mediapartners-Google
Disallow: /subject_search
Disallow: /amazon_search
Disallow: /search
Disallow: /group/search
Disallow: /event/search
Disallow: /celebrities/search
Disallow: /location/drama/search
Disallow: /j/
```

robots.txt 的内容解析如下。

1）User-agent：搜索引擎的名称。
2）Disallow：不允许搜索引擎访问的地址。
3）Allow：允许搜索引擎访问的地址。
4）若 User-agent 是 *，则表示允许搜索引擎访问该站点下的所有文件。
5）Disallow 和 Allow 后接地址（URL），这个 URL 可以是一条完整的路径，也可以是部分路径，地址的描述格式符合正则表达式的规则，因此可以在 Python 中使用正则表达式来筛选出可以访问的地址。需要特别注意的是，Disallow 与 Allow 行的顺序是有意义的，Robots 协议会根据第一个匹配成功的 Allow 或 Disallow 行确定是否访问某个 URL。

以下内容代表禁止所有搜索引擎访问网站的任何部分：

```
User-agent: *
Disallow: /
```

以下内容代表禁止所有搜索引擎抓取 abc 目录下的内容：

```
User-agent: *
Disallow: /abc/
```

14.2 静态网页数据的采集

静态网页是标准的 HTML 文件，它的文件扩展名是 .htm 或 .html，可以包含文本、图像、声音、FLASH 动画、客户端脚本、ActiveX 控件及 JAVA 小程序等。静态网页在浏览器中呈现的内容都会体现在源代码中，因此若要抓取静态网页的数据，只需要获得网页的源代码即可。

为帮助开发人员抓取静态网页数据，减少开发人员的开发时间，Python 提供了一些功能齐全的库，包括 urllib、urllib3 和 Requests。其中，urllib 是 Python 内置库，无需安装便可以直接在程序中使用；urllib3 和 Requests 都是第三方库，需要另行安装后才可以在程序中使用。

urllib3 是一个强大的、用户友好的 HTTP 客户端库，包括线程安全、连接池复用、客户端 TLS/SSL 验证、压缩编码等特性。Requests 基于 urllib3 编写，该库会在请求后重复使用 Socket 套接字，不会与服务器断开连接，而 urllib 库会在请求后与服务器断开连接。

Requests 库是第三方库，它可以通过 pip 工具进行安装，之后可以在导入程序后直接使用。Requests 库的安装命令如下：

```
pip install requests
```

14.2.1 发送 GET 请求

在 Requests 库中，GET 请求通过调用 get() 函数发送，该函数会根据传入的 URL 构建一个请求（每个请求都是 Request 类的对象），并将该请求发送给服务器。get() 函数的声明如下：

```
get(url, params=None, headers=None, cookies=None, verify=True, proxies=None, timeout=None, **kwargs)
```

- url：必选参数，表示请求的 URL。
- params：可选参数，表示请求的查询字符串。
- headers：可选参数，表示请求头，该参数只支持字典类型的值。
- cookies：可选参数，表示请求的 Cookie 信息，该参数支持字典或 CookieJar 类的对象。
- verify：可选参数，表示是否启用 SSL 证书，默认值为 True。
- proxies：可选参数，用于设置代理服务器，该参数只支持字典类型的值。
- timeout：可选参数，表示请求网页时设定的超时时长，以秒为单位。

示例程序如下：

```
import requests
# 准备 URL
base_url = 'https://movie.douban.com/top250?start=0&filter='
# 根据 URL 构造请求,发送 GET 请求,接收服务器返回的响应信息
response = requests.get(url=base_url)
# 查看响应码
print(response.status_code)
```

运行结果为：

项目14 电影网站数据采集与解析

对一个静态网页发送 GET 请求，会返回一个响应码（status_code），表示服务器的响应状态，例如，200 代表服务器正常响应，404 代表页面未找到，500 代表服务器内部发生错误。在采集静态、网页数据的过程中，可以根据状态码来判断服务器响应状态。

需要获得网页源代码，可以输出 response.text，示例程序如下：

```python
import requests
base_url = 'https://movie.douban.com/top250?start=0&filter='
# 根据URL构造请求,发送GET请求,接收服务器返回的响应信息
response = requests.get(url=base_url)
# 设置响应内容的编码格式
response.encoding = 'utf-8'
# 查看网页源代码
print(response.text)
```

14.2.2 定制请求头

有时候，对某些网站发送 GET 请求的时候，响应码并不是 200，有时是因为网络不通，有时是因为被服务器拒绝，响应状态码的对应情况见表 14-1。

表 14-1 响应状态码

响应状态码	说明
100~199	表示服务器成功接收部分请求,要求浏览器继续提交剩余请求才能完成整个处理过程
200~299	表示服务器成功接收请求并已完成整个处理过程。常见状态码为200,表示Web服务器成功处理了请求
300~399	表示未完成请求,要求浏览器进一步细化请求。常见的状态码有302(表示请求的页面临时转移至新地址)、307(表示请求的资源临时从其他位置响应)和304(表示使用缓存资源)
400~499	表示浏览器发送了错误的请求,常见的状态码有404(表示服务器无法找到被请求的页面)和403(表示服务器拒绝访问,权限不够)

如果出现被服务器拒绝的情况，那么可以定制一个请求头。在互联网协议中，HTTP 请求头（headers）是一个非常重要的组成部分。它们是客户端和服务器之间交流附加信息的一种方式，对于确保通信的正常进行和实现各种功能至关重要。

在 Requests 中，设置请求头的方式非常简单，只需要在调用请求函数时为 headers 参数传入定制好的请求头即可，一般是将请求头中的字段与值分别作为字典的键与值，以字典的形式传给 headers 参数。

1. 查看请求头

打开 Chrome 浏览器，在地址栏输入 chrome://version/，找到 User-Agent（用户代理）的信息，如图 14-1 所示。

2. 定制请求头代码

```
url = f'https://movie.douban.com/top250?start=0&filter='
headers = {
  'user-agent':'Mozilla/5.0 (Windows NT 10.0; Win64; x64)AppleWebKit/537.36
(KHTML, like Gecko)Chrome/122.0.0.0 Safari/537.36'
```

```
}
response = requests.get(url=url, headers=headers)
print(response.text)
```

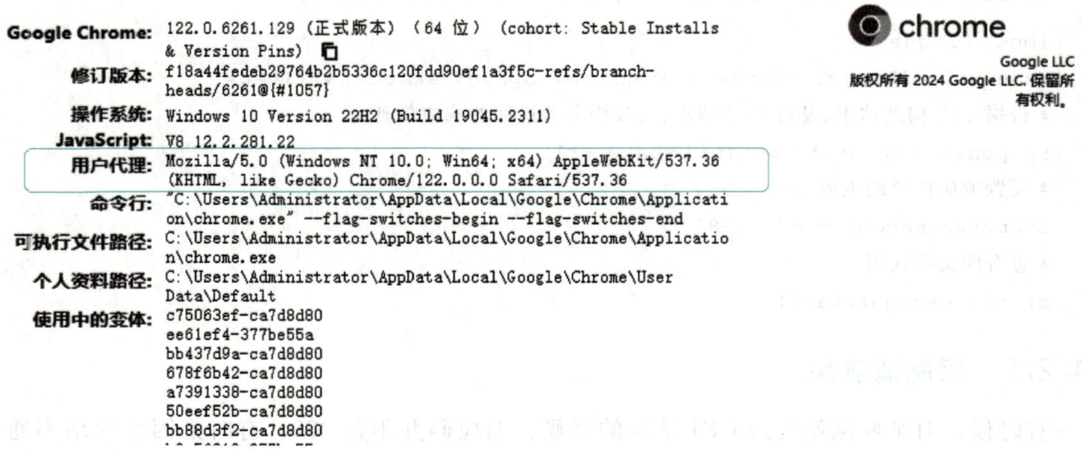

```
Google Chrome:  122.0.6261.129（正式版本）（64 位）（cohort: Stable Installs
                & Version Pins）
修订版本:        f18a44fedeb29764b2b5336c120fdd90ef1a3f5c-refs/branch-
                heads/6261@{#1057}
操作系统:        Windows 10 Version 22H2 (Build 19045.2311)
JavaScript:     V8 12.2.281.22
用户代理:        Mozilla/5.0 (Windows NT 10.0; Win64; x64) AppleWebKit/537.36
                (KHTML, like Gecko) Chrome/122.0.0.0 Safari/537.36
命令行:          "C:\Users\Administrator\AppData\Local\Google\Chrome\Applicati
                on\chrome.exe" --flag-switches-begin --flag-switches-end
可执行文件路径:  C:\Users\Administrator\AppData\Local\Google\Chrome\Applicatio
                n\chrome.exe
个人资料路径:    C:\Users\Administrator\AppData\Local\Google\Chrome\User
                Data\Default
使用中的变体:    c75063ef-ca7d8d80
                ee61ef4-377be55a
                bb437d9a-ca7d8d80
                678f6b42-ca7d8d80
                a7391338-ca7d8d80
                50eef52b-ca7d8d80
                bb88d3f2-ca7d8d80
```

chrome

Google LLC
版权所有 2024 Google LLC. 保留所有权利。

图 14-1　查看 Chrome 浏览器的 User-Agent（用户代理）信息

14.3 解析网页源代码

通过 requests.get()方法获得 HTML 源代码后，可以通过 etree 进行解析，进而从源代码中提取关键信息。etree.HTML()可以用来解析字符串格式的 HTML 文档对象，将传进去的字符串转变成_Element 对象。_Element 对象可以方便地使用 getparent()、remove()、xpath()等方法。

如果想通过 XPath 技术获取 HTML 源码中的内容，就要先将 HTML 源码转换成_Element 对象，再使用 xpath()方法进行解析。

XPath 使用路径表达式来描述节点的位置，这些路径表达式类似于文件系统中的路径。路径表达式由一个或多个步骤（step）组成，每个步骤描述了一个节点或一组节点。步骤可以使用关系运算符（如/和//）来连接，以便描述更复杂的节点位置。

表 14-2 所示为 XPath 的一些常用方法。

表 14-2　XPath 的常用方法

表达式	描述
nodename	选取此节点的所有子节点
/	从根节点选取（取子节点）
//	从匹配选择的当前节点选择文档中的节点,而不考虑它们的位置(取子孙节点)
.	选取当前节点
..	选取当前节点的父节点
@	选取属性

用浏览器打开"豆瓣电影 Top 250"界面,按<F12>键,打开开发者工具,如图 14-2 所示,找到需要的信息地址,通过 XPath 来解析文件。第一部电影是《肖申克的救赎》,电影名的 XPath 路径表达式是".//div/div[2]/div[1]/a/span[1]/text()"。因此可以通过 xpath('.//div/div[2]/div[1]/a/span[1]/text()').get()方法来获得电影名,其他内容的获取方法类似。

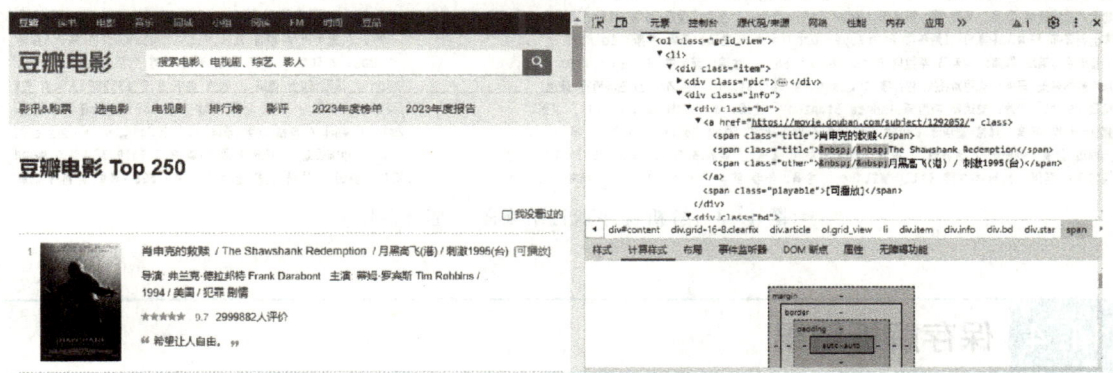

图 14-2 豆瓣电影 Top 250 的开发者工具界面

最终,实现电影名、电影信息、评分、评价人数、摘引及豆瓣详情页等内容的解析程序如下:

```
selector = parsel.Selector(response.text)
# print(selector)
list = selector.xpath('//*[@ id="content"]/div/div[1]/ol/li')

for i in list:
    movie_name = i.xpath('.//div/div[2]/div[1]/a/span[1]/text()').get()
                                            # 电影名
    movie_info = i.xpath('.//div/div[2]/div[2]/p[1]/text()').getall()
                                            # 电影信息
    movie_info = (''.join(movie_info).strip()).replace('\n', '')
    movie_score = i.xpath('.//div/div[2]/div[2]/div/span[2]/text()').get()
                                            # 评分
    movie_num = i.xpath('.//div/div[2]/div[2]/div/span[4]/text()').get()
                                            # 评价人数
    movie_lines = i.xpath('.//div/div[2]/div[2]/p[2]/span/text()').get()
                                            # 摘引
    movie_href = i.xpath('.//div/div[2]/div[1]/a/@ href').get()
                                            # 豆瓣详情页
    print(movie_name, movie_info, movie_score, movie_num, movie_lines, movie_href)
```

运行结果(部分)如图 14-3 所示。

```
肖申克的救赎  导演：弗兰克·德拉邦特 Frank Darabont  主演：蒂姆·罗宾斯 Tim Robbins / …     1994 / 美国 / 犯罪 剧情 9.7 2999882人评价 希望…
阿甘正传   导演：罗伯特·泽米吉斯 Robert Zemeckis  主演：汤姆·汉克斯 Tom Hanks / …        1994 / 美国 / 剧情 爱情 9.5 2235300人评价 一部美国近现代史
泰坦尼克号  导演：詹姆斯·卡梅隆 James Cameron    主演：莱昂纳多·迪卡普里奥 Leonardo…     1997 / 美国 墨西哥 / 剧情 爱情 灾难 9.5 2272998人评价 失…
千与千寻   导演：宫崎骏 Hayao Miyazaki     主演：柊瑠美 Rumi Hiiragi / 入野自由 Miy…   2001 / 日本 / 剧情 动画 奇幻 9.4 2318501人评价 最好的宫崎
这个杀手不太冷 导演：吕克·贝松 Luc Besson     主演：让·雷诺 Jean Reno / 娜塔莉·波特曼…    1994 / 法国 美国 / 剧情 动作 犯罪 9.4 2365631人评价
美丽人生   导演：罗伯托·贝尼尼 Roberto Benigni  主演：罗伯托·贝尼尼 Roberto Beni…      1997 / 意大利 / 剧情 喜剧 爱情 战争 9.5 1368842人评价 最…
星际穿越   导演：克里斯托弗·诺兰 Christopher Nolan 主演：马修·麦康纳 Matthew Mc…      2014 / 美国 英国 加拿大 / 剧情 科幻 冒险 9.4 1933482人评
盗梦空间   导演：克里斯托弗·诺兰 Christopher Nolan 主演：莱昂纳多·迪卡普里奥 Le…        2010 / 美国 英国 / 剧情 科幻 悬疑 冒险 9.4 2138768人评价 如
辛德勒的名单 导演：史蒂文·斯皮尔伯格 Steven Spielberg 主演：连姆·尼森 Liam Neeson…     1993 / 美国 / 剧情 历史 战争 9.5 1156554人评价 拯救…
楚门的世界  导演：彼得·威尔 Peter Weir     主演：金·凯瑞 Jim Carrey / 劳拉·琳妮 Lau…  1998 / 美国 / 剧情 科幻 9.4 1790818人评价 如果再也不能见
忠犬八公的故事 导演：莱塞·霍尔斯道姆 Lasse Hallström 主演：理查·基尔 Richard Ger…       2009 / 美国 英国 / 剧情 9.4 1437106人评价 永远都不能忘
海上钢琴师  导演：朱塞佩·托纳多雷 Giuseppe Tornatore 主演：蒂姆·罗斯 Tim Roth / …    1998 / 意大利 / 剧情 音乐 9.3 1730329人评价 每个人都是
三傻大闹宝莱坞 导演：拉库马·希拉尼 Rajkumar Hirani 主演：阿米尔·汗 Aamir Khan / 卡…     2009 / 印度 / 剧情 喜剧 爱情 歌舞 9.2 1918451人评价
放牛班的春天 导演：克里斯托夫·巴拉蒂 Christophe Barratier 主演：让-巴蒂斯特·莫尼…       2004 / 法国 瑞士 德国 / 剧情 音乐 9.3 1357571人评价 天
机器人总动员 导演：安德鲁·斯坦顿 Andrew Stanton 主演：本·贝尔特 Ben Burtt / 艾丽…    2008 / 美国 / 科幻 动画 冒险 9.3 1361569人评价 小瓦力
疯狂动物城  导演：拜伦·霍华德 Byron Howard / 瑞奇·摩尔 Rich Moore 主演：金妮弗·…    2016 / 美国 / 喜剧 动画 冒险 9.2 2026140人评价 迪士尼给
无间道    导演：刘伟强 / 麦兆辉      主演：刘德华 Andy Lau / 梁朝伟 Tony Leung Chiu W…  2002 / 中国香港 / 剧情 犯罪 惊悚 9.3 1419433人评价 香港电
控方证人   导演：比利·怀尔德 Billy Wilder    主演：泰隆·鲍华 Tyrone Power / 玛琳…    1957 / 美国 / 剧情 犯罪 悬疑 9.6 602508人评价 比利·怀德满
```

图14-3 解析程序运行结果图（部分截图）

14.4 保存解析结果

解析的结果保存为CSV格式的文件，即文件的扩展名为.csv。这里介绍一下CSV文件。CSV（Comma-Separated Values）是一种常见的电子文件格式，用于存储和交换结构化数据。它采用纯文本形式，以英文逗号作为字段之间的分隔符，每行表示一个数据记录。CSV文件具有简单、通用和易于处理的特点，在数据处理和数据交换方面被广泛应用。

CSV文件由多行组成，每行表示一个数据记录。每行中的字段使用逗号进行分隔，字段值可以包含文本、数字或日期等数据。文件的第一行通常用于定义字段名，后续行则包含相应的数据值。字段值可以使用单引号或双引号进行包裹，以处理包含逗号或换行符的复杂数据。

与其他文件格式相比，CSV具有以下几个特点。

1）简单易用：CSV文件采用纯文本格式，不依赖于特定的软件或数据库。这使得CSV文件具有良好的可移植性和可读性，便于在不同平台和应用之间共享和传输数据。

2）跨平台兼容：CSV文件在多个操作系统和软件之间具有广泛的兼容性。无论是在Windows、macOS系统，还是在Linux系统中，各类电子表格软件和数据库系统都能够轻松地读取和处理CSV文件。

3）数据结构灵活：CSV文件不仅可以表示简单的二维表格数据，还可以扩展为多维、复杂的数据结构。通过引号包裹字段或转义字符的方式，CSV文件能够准确地表示包含特殊字符、换行符等复杂结构的数据。

首先，以写入的方式打开"豆瓣电影Top250.csv"文件，写入标题行的信息"电影名、电影信息、评分、评价人数、摘引、豆瓣详情页"，示例程序如下：

```
f = open('豆瓣电影Top250.csv', mode='w', encoding='utf-8-sig',newline='')
csv_writer = csv.DictWriter(f, fieldnames=['电影名', '电影信息', '评分', '评价人数',
'摘引', '豆瓣详情页'])
csv_writer.writeheader()
```

程序运行之后,就会生成"豆瓣电影 Top250.csv",打开这个文件,发现只有标题行的信息,如图 14-4 所示。

图 14-4 "豆瓣电影 Top250.csv"文件

接下来,通过 Python 编程实现文件中采集内容的写入。由于要存放电影名等 6 部分内容的信息,因此可以先通过字典的形式将采集的内容组织起来,再写入"豆瓣电影 Top250.csv"文件中。如:

```
dict = {
  '电影名': movie_name,
  '电影信息': movie_info,
  '评分': movie_score,
  '评价人数': movie_num,
  '摘引': movie_lines,
  '豆瓣详情页': movie_href
}
csv_writer.writerow(dict)
```

14.5 动态网页数据的采集

相比于静态网页,动态网页不会在加载完成后立即显示所有内容,而会受时间、环境等因素的影响发生改变。为了抓取动态网页,Python 提供了 Selenium 库,该库可以模拟用户在浏览器上执行诸如单击按钮、输入文本等行为,获取网页上动态加载的数据。

14.5.1 动态网页抓取技术

动态网页数据抓取技术有以下 9 种。

(1)使用 Selenium 模拟浏览器操作　Selenium 是一个自动化测试工具,在 Python 中,可以通过 Selenium 来模拟浏览器操作,如在浏览器中打开目标网页,并且自动执行单击、输入等操作。这样做能够获取到完整的动态页面内容,包括 JavaScript 生成的内容。

(2)使用 Requests-HTML 库解析 JavaScript　Requests-HTML 是一个基于 Requests 库开发的 HTML 解析库,它可以解析 JavaScript 生成的内容。使用 Requests-HTML,可以先请求到目标网页的源代码,再通过 JavaScript 解析器将 JavaScript 代码转换成 HTML 代码,最后进行解析。

（3）使用 Pyppeteer 库控制 Headless Chrome　Pyppeteer 是一个基于 Chrome DevTools Protocol 开发的 Python 库，可以控制 Headless Chrome 浏览器。通过 Pyppeteer 可以直接在 Headless Chrome 中加载目标网页，自动执行 JavaScript 代码，最后获取完整的动态页面内容。

（4）使用 Splash 服务渲染动态网页　Splash 是一个 JavaScript 渲染服务，可以渲染动态网页并返回 HTML 源代码。使用 Splash，可以将目标网页发送给 Splash 服务器进行渲染，再获取渲染后的 HTML 源代码。

（5）使用 Puppeteer 库控制 Headless Chrome　Puppeteer 是一个由 Google 开发的 Node.js 库，可以控制 Headless Chrome 浏览器。与 Pyppeteer 类似，Puppeteer 也可以在 Headless Chrome 中加载目标网页，自动执行 JavaScript 代码，最后获取完整的动态页面内容。

（6）使用 Chrome DevTools 手动获取数据　Chrome DevTools 是 Chrome 浏览器内置的一组 Web 开发工具，其中包括 Elements、Network、Console 等多个工具。通过调用这些工具，可以手动模拟浏览器操作，并且获取完整的动态页面内容。

（7）使用 AutoHotkey 脚本模拟键盘和鼠标的操作　AutoHotkey 是一个 Windows 平台下的自动化脚本语言，可以编写脚本来模拟键盘和鼠标的操作。使用 AutoHotkey，可以通过脚本来模拟浏览器操作，最终获取完整的动态页面内容。

（8）使用 Appium 自动化测试工具　Appium 是一个自动化测试工具，用于测试移动应用和 Web 应用。通过 Appium 可以模拟用户在移动设备上的操作，并且获取到完整的动态页面内容。

（9）使用 Scrapy 框架抓取数据　Scrapy 是一个 Python 爬虫框架，可以自动化地抓取目标网页中的数据，包括动态生成的内容。

14.5.2　Selenium 和 WebDriver 的安装与配置

Selenium 是一个开源的、便携式的自动化测试工具，它最初是为网站自动化测试而开发的，支持与所有主流浏览器（如 Chrome、Firefox、IE 等）配合使用，也支持如 PhantomJS、Headless Chrome 等无界面的浏览器。

Selenium 可以直接运行在浏览器中，模拟用户使用浏览器的一些动作，包括自动加载页面、输入文本、选择下拉列表框、单击按钮、单击超链接等。不过，Selenium 本身不带浏览器，它需要通过一个浏览器驱动程序 WebDriver 才能与所选浏览器进行交互。

在使用 Selenium 抓取动态网页的数据之前，需要先在计算机上安装 Selenium，以及与 Selenium 配合使用的浏览器驱动 WebDriver。为了避免后续在网络爬虫程序中重复指定 WebDriver 的执行路径，需要为 WebDriver 配置环境变量。

（1）Selenium 的安装　Selenium 的安装方式非常简单，可以在 PyCharm 中直接使用 pip 命令安装。单击 PyCharm 界面下方的 Terminal，然后输入 pip install selenium，如图 14-5 所示。

（2）WebDriver 的安装　WebDriver 是浏览器驱动，Selenium 支持市场上主流的浏览器，如 Chrome、Firefox、IE 和 Safari 等。

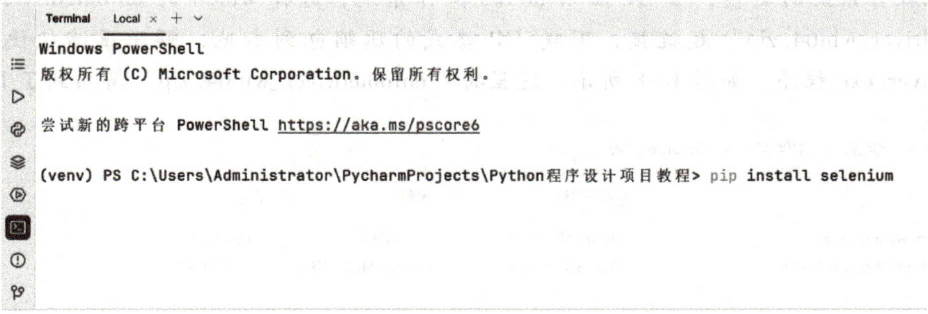

项目14　电影网站数据采集与解析

图 14-5　安装 Selenium

需要说明的是，不同版本的浏览器驱动程序支持的浏览器版本也不同，在下载浏览器的驱动程序之前，需要先查看当前浏览器的版本号。

本节以 Chrome 浏览器为例，单击 Chrome 浏览器右上角的 ⋮ 图标打开自定义及控制 Google Chrome 的菜单，在该菜单中选择"帮助"→"关于 Google Chrome"，打开"关于 Chrome"界面，如图 14-6 所示。

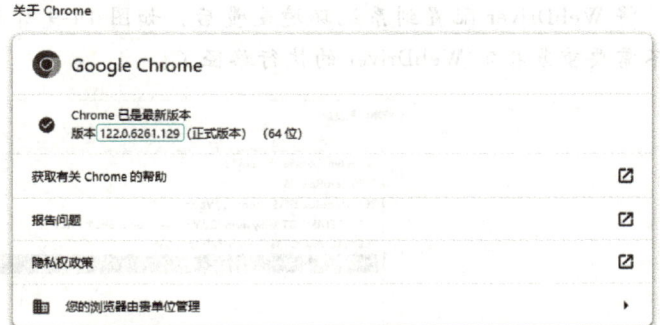

图 14-6　查看 Chrome 浏览器的版本

查询到 Chrome 浏览器的版本后，到 chromedriver 官方网站下载与 Chrome 浏览器版本对应的 chromedriver，如图 14-7 所示。

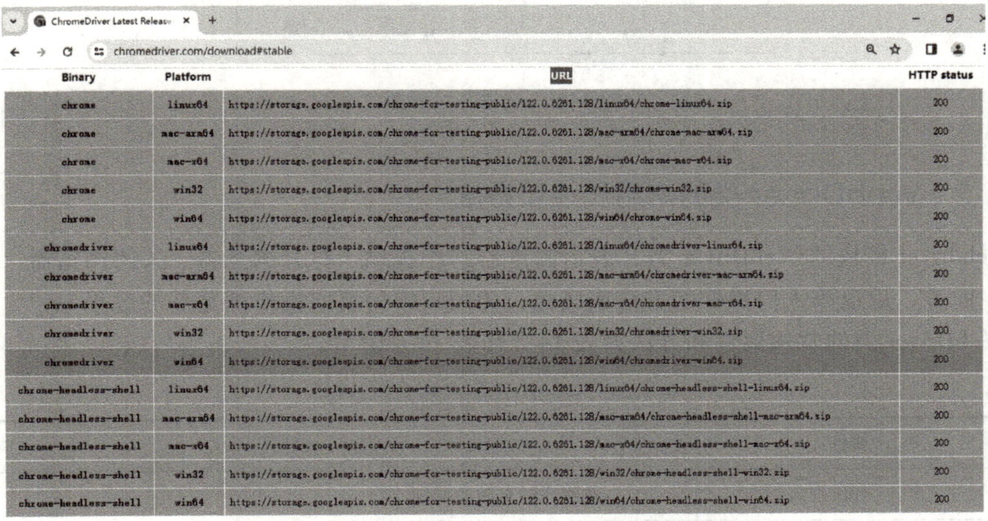

图 14-7　下载对应版本的 chromedriver

根据操作系统的类型，如 64 位 Windows 操作系统，选择 win64 的 chromedriver，单击"chromedriver_win64.zip"超链接，下载 ZIP 格式的压缩包到本地，解压压缩包便可得到 chromedriver.exe 程序。如图 14-8 所示，这里将"chromedriver_win64.zip"解压到了 D 盘。

图 14-8　解压 chromedriver_win64.zip

将 WebDriver 配置到系统环境变量后，如图 14-9 所示，程序中再次使用 WebDriver 时，就不需要重复指定 WebDriver 的执行路径了。

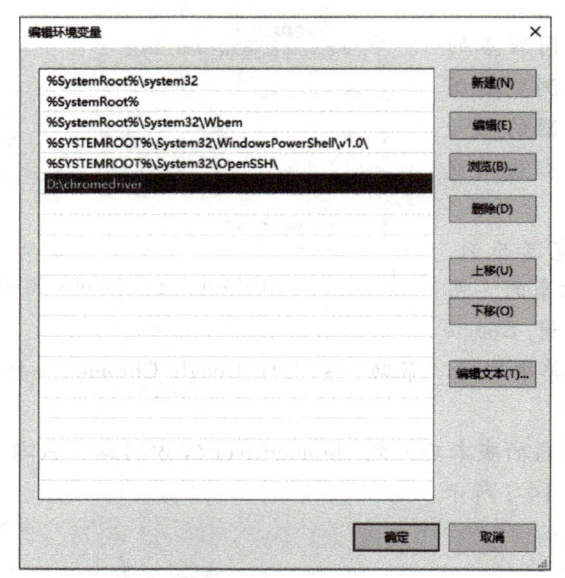

图 14-9　配置环境变量

14.5.3　WebDriver 类的常用属性和方法

webdriver 模块的 WebDriver 类（表示浏览器）中提供了打开浏览器、关闭浏览器、刷新页面、前进、后退等入门操作的方法或属性，为用户模仿真实操作浏览器的过程。

WebDriver 类的常用属性和方法如表 14-3 和表 14-4 所示。

表 14-3　WebDriver 类的常用属性

属性	说明
title	获取当前页面的标题
current_url	获取当前页面的 URL 地址

项目14　电影网站数据采集与解析

表 14-4　WebDriver 类的常用方法

方法	说明
get( )	根据指定 URL 地址访问页面
maximize_window( )	设置浏览器窗口最大化
forward( )	页面前进
back( )	页面后退
refresh( )	刷新当前页面
save_screenshot( )	对当前浏览器窗口进行截图
quit( )	会话结束时退出浏览器
close( )	关闭当前窗口

以访问豆瓣电影为例，模拟浏览器操作，打开豆瓣电影首页，设置浏览器窗口最大化，获取浏览器的名称，获取豆瓣电影首页的标题信息，获取当前页面的 URL 地址，并将当前页面保存为 douban.png，最后关闭浏览器。

示例程序如下：

```
from selenium import webdriver
driver = webdriver.Chrome()                              # 创建浏览器对象
driver.get("https://movie.douban.com/")                  # 访问豆瓣电影首页
driver.maximize_window()                                 # 设置浏览器窗口最大化
print(driver.name)                                       # 获取浏览器的名称
print(driver.title)                                      # 获取豆瓣电影首页的标题信息
print(driver.current_url)                                # 获取当前页面的 URL 地址
driver.save_screenshot('douban.png')                     # 将当前页面保存为 douban.png
driver.close()                                           # 关闭浏览器
```

运行结果：

```
chrome
豆瓣电影
https://movie.douban.com/
```

同时，在项目文件夹中出现了一个 douban.png，即豆瓣电影首页的截屏。

【项目实施】

实现电影网站数据采集与解析这个项目，需要完成以下几部分内容。

1）导入相关模块。

```
import requests
import parsel
import csv
```

2）定制请求头。

3）发送 GET 请求，获得网页源代码。

4）使用 XPath 解析网页源代码，获取电影名、电影信息、评分、评价人数、摘引及豆瓣详情页等信息。

5）将解析结果保存为"豆瓣电影 Top250.csv"文件。

6）实现多页采集。

"豆瓣电影 Top250"界面包含多页内容，如果要采集所有的信息，需要浏览全部 URL。URL 规律如下。

第一页的 URL：https：//movie.douban.com/top250? start=0&filter=。

第二页的 URL：https：//movie.douban.com/top250? start=25&filter=。

第三页的 URL：https：//movie.douban.com/top250? start=50&filter=。

……

第十页的 URL：https：//movie.douban.com/top250? start=225&filter=。

因此只要设置一个参数使其从 0 开始，步长为 25，循环至 255，即可构建完整的 URL 集合。

1. 项目代码

```
import requests
import parsel
import csv

f = open('豆瓣电影Top250.csv', mode='w', encoding='utf-8-sig', newline="")
csv_writer = csv.DictWriter(f, fieldnames=['电影名', '电影信息', '评分', '评价人数', '摘引', '豆瓣详情页'])
csv_writer.writeheader()
num = 0
while num <= 225:
    url = f'https://movie.douban.com/top250? start={num}&filter='
    headers = {
        'user-agent': 'Mozilla/5.0 (Windows NT 10.0; Win64; x64) AppleWebKit/537.36 (KHTML, like Gecko) Chrome/122.0.0.0 Safari/537.36'
    }
    response = requests.get(url=url, headers=headers)
    selector = parsel.Selector(response.text)
    list = selector.xpath('//*[@id="content"]/div/div[1]/ol/li')
    for i in list:
        movie_name = i.xpath('.//div/div[2]/div[1]/a/span[1]/text()').get()
        # 电影名
        movie_info = i.xpath('.//div/div[2]/div[2]/p[1]/text()').getall()
        # 电影信息
        movie_info = ("".join(movie_info).strip()).replace('\n', '')
        movie_score = i.xpath('.//div/div[2]/div[2]/div/span[2]/text()').get()
        # 评分
```

```
    movie_num = i.xpath('.//div/div[2]/div[2]/div/span[4]/text()').get()
# 评价人数
    movie_lines = i.xpath('.//div/div[2]/div[2]/p[2]/span/text()').get()
# 摘引
    movie_href = i.xpath('.//div/div[2]/div[1]/a/@ href').get()
# 豆瓣详情页

    dict = {
      '电影名': movie_name,
      '电影信息': movie_info,
      '评分': movie_score,
      '评价人数': movie_num,
      '摘引': movie_lines,
      '豆瓣详情页': movie_href
    }
    csv_writer.writerow(dict)
    print(movie_name, movie_info, movie_score, movie_num, movie_lines, movie_href)
num += 25
```

2. 自我评价

大家可以先自行编写电影网站数据采集与解析的程序，然后进行调试，再对照项目代码，完成自我评价，见表14-5。

表 14-5　自我评价表

评价要素	评价标准	评价分值	自我评价得分
模块的导入	是否导入 3 个模块	25	
网站的访问	请求头与 get( ) 方法是否正确	25	
网页内容的解析	XPath 格式是否正确	25	
数据存储	定义字典并在 CSV 文件中存储	25	

【项目总结】

本项目是电影网站数据的采集与解析。在项目实施过程中，学习了以下知识与技能：
1) 了解采集网站数据的合法性。
2) 理解爬虫相关知识。
3) 掌握静态网页的 get( ) 方法。
4) 能够使用 get( ) 方法获取网页的源代码。
5) 学会使用 XPath 技术来解析网页数据。
6) 了解动态网页数据抓取的技术。

在本项目的实施中，需要注意 get( ) 方法的正确使用与 XPath 技术解析文件的格式。

【思考与练习】

1）编写程序，通过 get( ) 方法获取百度首页的相应状态码。
2）编写程序，获取豆瓣首页的源代码。
3）（提高题）编写程序，获取百度首页的 Logo。

参 考 文 献

［1］ 黄锐军. Python 程序设计［M］. 2 版. 北京：高等教育出版社，2021.
［2］ 董付国. Python 程序设计实例教程［M］. 2 版. 北京：机械工业出版社，2023.
［3］ 黑马程序员. Python 快速编程入门［M］. 3 版. 北京：人民邮电出版社，2025.
［4］ 陈雪芳，范双南，张莲春. Python 语言程序设计［M］. 长沙：湖南大学出版社，2021.
［5］ 黑马程序员. Python 网络爬虫基础教程［M］. 北京：人民邮电出版社，2024.
［6］ 黄建军，沈克永. Python 程序设计［M］. 北京：清华大学出版社，2023.
［7］ 梁勇. Python 语言程序设计［M］. 李娜，译. 北京：机械工业出版社，2015.
［8］ 王小银，王曙燕. Python 语言程序设计［M］. 北京：清华大学出版社，2022.
［9］ 周方，白有林. Python 语言程序设计基础教程：微课视频版［M］. 北京：清华大学出版社，2024.
［10］ 嵩天，黄天羽，杨雅婷. Python 语言程序设计基础［M］. 北京：高等教育出版社，2024.
［11］ 孟兵，李杰臣. 零基础学 Python 爬虫、数据分析与可视化从入门到精通［M］. 北京：机械工业出版社，2020.
［12］ 李科均. Python 爬虫实战进阶［M］. 北京：清华大学出版社，2023.